BERGSOMMER

KATHARINA AFFLERBACH

BERGSOMMER

Wie mir das Leben
auf der Alp
Kraft und Klarheit
schenkte

EINE WAHRE GESCHICHTE

Eden
BOOKS

INHALT

Für Flo

Diese Geschichte ist auch ihre Geschichte:

Familie Aeby

Markus	Hirt
Stefanie	Hirtin
mit Yves, Pascal, Livia	im ersten Sommer neun bzw. zehn, acht und fünf Jahre alt
Robert	Markus' Vater

Ihre Freunde
Valentin, Peter und Christine, Hanspeter

Ihre Hunde
Netti und Rex

Ihre Kühe
Belinda, Berna, Lotti, Joia, Wolgi, Sabine, Spiegi, Leila, Amsla, Wendi, Romy und ihre Kälber

Ihre Ziegen
Das Gämschi, die Schwarze, die Braune, die Alte, Schnauf, Caramel und alle anderen

Ihre Schweine und Kaninchen

Die **120 Rinder anderer Bauern,** die auf der Salzmatt sömmern

Familie Afflerbach

Heinrich	Mein Vater
Hannelore	Meine Mutter
Sabine, Claudius, Julian, Florian	Meine Geschwister
Rainer	Sabines Freund
Tina	Florians Freundin

Meine Freundinnen
Kathrin und Mareike

Auf dem Bergbauernhof in Südtirol
Bauer Arnold und Opa

So viele liebe Menschen und Tiere mehr machen diese Geschichte, machen meine Geschichte aus. Sie prägen das Land rund um den Muscherenschlund, und sie prägen mein Leben, egal wo es gerade stattfindet. Ich danke euch allen von ganzem Herzen.

AUFWACHEN

Es ist Viertel nach fünf Uhr morgens. Ich wache davon auf, dass Markus leise die Schlafzimmertür schließt. Ich zähle seine Schritte zur Bodenluke, es sind fünf, und lausche der vertrauten Melodie, dem Knarzen, als die Luke sich öffnet, dem dumpfen Schlag, als sie am Dachbalken ankommt. Die Tritte auf den Stufen nach unten sind zuerst klar, dann entfernter zu hören und schließlich nur noch eine Ahnung. Markus wird gleich die Kühe zum Melken in den Stall holen, und ich kann noch zehn Minuten liegen bleiben. Sogleich kehrt wieder Stille ein, eine tiefe, große Ruhe, der die Glocken der Tiere auf den Weiden ein immerwährendes Ständchen bringen. Heute prasselt mal kein Regen auf mein Dachfenster, und der Wind meint es auch gut mit uns und ist still.

Noch acht Minuten. Ich liege flach auf dem Rücken. Meine Glieder sind schwer und steif, meine letzte Yogastunde ist viele Wochen her. Alles tut ein bisschen, manches etwas mehr weh. Aber das ist nicht schlimm. Ich spüre einen Schmerz, der mich zufrieden macht und der mir erzählt, was mein Körper gestern und vorgestern gearbeitet hat.

Noch sechs Minuten. Mir ist schön warm und ich träume nichts. Dass ich gleich aufstehen muss, ist für mich ein Geschenk. Ich freue mich auf Rex, meinen treuen Begleiter, der mich beim Melken im Stall besuchen wird, auf die braune Ziege, die meine Morgenmassagen zu lieben scheint, und auf das Gämschi, das mir seinen Hals zum Kraulen entgegenrecken wird. Den Wecker schalte ich vor dem Klingeln aus. Mit halb geschlossenen Augen lege ich die Stallkleidung an und taste mich die Stiege hinunter. Meine Füße kennen den Weg und führen mich nach der letzten Stufe nach links, durch die Stube ins Bad. Eiskaltes Wasser öffnet meine Augen. Ich bin wach.

Keine zwei Minuten später trete ich in die Nacht, die gleich vorbei sein wird, hinaus und unter das satte Sternenzelt. Rechts steht schwarz die Bergkette, geradeaus öffnet sich das schlafende Tal. Noch schickt die Sonne keine Vorboten, und ich kann auf dem Weg zum Stall Sterne trinken. Es ist ein Privileg. Ganz allein darf ich diese Himmelspracht genießen, darf mich um die mir anvertrauten Tiere kümmern und zum Lebensunterhalt der Familie beitragen – und das alles vor dieser prächtigen Kulisse, meistens draußen in der Natur und an richtig frischer Luft. Still bedanke ich mich.

Ein paar Tage später. Mehr als einmal habe ich in dieser Nacht wach gelegen. Die Gewitter haben unsere Hütte regelrecht erzittern lassen. Von den Bergen hallten die Donner doppelt gewaltig als Echo zurück. Nur das Hüttendach hat mich vom Wetter getrennt. Jetzt prasseln die Regenmassen wieder unaufhörlich auf mein Dachfenster, und ich stelle mir vor, wie ich gleich nach draußen muss. Ich höre den Wind, der das Haus umweht und an den Balken leckt. Es gibt keinen Ausweg. Ich muss jetzt zum Melken. In der unbeheizten Stube lege ich die Regensachen an und wappne mich auch innerlich. In die kalten Gummistiefel schlüpfe ich erst im Stall, wo mir der Wind schon entgegenpeitscht. Als ich draußen vor der Hütte die Melkmaschinen rüste, halte ich den Kopf gesenkt, damit mir der Regenhut nicht wegfliegt. Aus den Augenwinkeln sehe ich, dass es sowieso nichts zu sehen gibt. Schwarzer Nebel umhüllt die Alp. Ich schnappe mir die Melkmaschinen und stemme mich gegen den Regen. ›Warum tue ich mir das eigentlich an‹, frage ich mich auf dem Weg zum Stall, ›und wer hatte eigentlich die blöde Idee mit der Alp? Andere legen sich an den Strand, schlürfen Kokosnuss oder drehen einfach zu Hause gemütlich Däumchen. Und ich? Ich lass mich zu nachtschlafender Zeit irgendwo in den Bergen nassregnen.‹

Die Ziegen empfangen mich armen Tropf mit großem Hallo und fordern meckernd ihr Frühstück ein. Liebevoll begrüße ich eine nach der anderen und wärme mich im noch schlafwarmen Stall. Alles wird gut. Alles wird gerade in diesem Moment gut. Ein Glück, dass ich aufgestanden bin.

DAVOR

Verliebt

Es ging ganz schnell, das Verlieben in die Berglandwirtschaft. Und es war, wie das immer ist mit den besten Dingen im Leben: nicht geplant.

Im Frühling 2013 spendeten meine Freundin Kathrin und ich der Bergbauernhilfe Südtirol ein paar Urlaubstage und tauschten Büro gegen Stall. Ich war auf der Suche nach einer Möglichkeit, mal so richtig viel Zeit am Stück in den Bergen zu verbringen, viel länger als sonst im Wanderurlaub oder beim Bergsteigen. Dass ich der Berg- und nicht der Meertyp bin, war mir bereits klar. Selbst als ich mal für zwei Jahre in Hamburg mit Ost- und Nordsee praktisch vor der Haustür lebte, war ich kein einziges Mal am Timmendorfer Strand oder in Sankt Peter-Ording.

Zwei Optionen hatte ich mir überlegt: Ich könnte entweder für eine Saison auf eine Alp gehen und von Melken bis Misten auf Bäuerin umsatteln, oder ich könnte in einer Berghütte, so einer Art Alpenvereinshütte, anheuern. Mit dem Ausflug auf den Bergbauernhof in Südtirol wollte ich Option A austesten, wobei der Bergbauernhof zwar keine Alp, aber immerhin ein Bauernhof und immerhin in den Bergen war. Woher sollte ich wissen, ob ich überhaupt für die Landwirtschaft gemacht war? Berghütten hatte ich auf meinen Touren schon viele von innen gesehen. Aber einen Bauernhof, geschweige denn eine Alp, noch nie. Vielleicht würde mich das frühe Aufstehen nerven. Vielleicht hätte ich, im wahrsten Sinne des Wortes, bald vom Ausmisten die Nase voll. Vielleicht würde ich mich ganz schnell fragen, welche Kuh mich da geritten hatte.

Kathrin und ich landeten auf einem Bergbauernhof auf 1.430 Metern gleich unterhalb der Plose, einem Biobetrieb mit Ziegen, Hühnern und einem Esel.

»Aus Frankfurt und Köln kommt ihr, so so«, begrüßte uns Bauer Arnold, als er uns am Bahnhof in Brixen abholte. »Und jetzt kommt ihr also zu uns«, dachte er laut weiter.

»Ja, und wir können zupacken«, versuchten wir Arnold auf der Fahrt nach oben zu überzeugen. Eine halbe Stunde den Berg hinauf hatten wir Zeit, ihn abwechselnd mit Fragen zu löchern und Beweise für unsere Tatkraft zu liefern.

»Ich hoffe, dass wir diese Woche Heu machen können, jetzt, wo ich zwei Helferinnen habe«, erklärte uns Arnold. »Aber wahrscheinlich wird das Wetter nicht mitspielen. Dann gehen wir eben ins Holz!«

Das war unser Stichwort. Wir zwei gebürtigen Siegerländerinnen haben die Holzwirtschaft quasi mit der Muttermilch aufgesogen. Gut, 35 Meter hohe Bergfichten haben wir selten gefällt – weder Kathrin, wenn sie ihrem Vater beim Brennholzmachen half, noch ich, als ich dabei war, wenn Papa und meine Brüder kleine Fichten umlegten, um damit eine Brücke über den Weiher auf unserem Grundstück zu bauen. Aber wir konnten von der Haubergswirtschaft erzählen, dem jahrhundertealten zyklischen Waldbewirtschaftungsprinzip aus unserer Heimat. Immerhin.

Kaum auf dem Hof angekommen, ging es auch schon los. Der Opa holte die Sense aus dem Schuppen, um rund um das Haus zu mähen.

»Das kann ich doch machen«, rief ich ihm übereifrig zu.

»Kannst du denn mit der Sense umgehen?«, wollte er wissen.

»Ja, das kenne ich von zu Hause«, erwiderte ich, um einen guten Eindruck bemüht.

Aber ehrlich gesagt hatte ich noch nie mit der Sense gemäht. Auch nicht mit einem Rasenmäher. Ich hatte eigentlich noch nie irgendetwas gemäht. Zusammengerecht ja, aufgeladen und abtransportiert, sowas. Handlangerarbeiten eben. Aber gemäht? Aus Angst um die Frösche und sicher auch um mich hatte Papa, der aus Prinzip Rasenmäher verabscheut und sein Lebtag auf die gute alte Sense setzt, mich nie rangelassen. Nun ja, die Geschichte ist schnell erzählt. Alle paar Meter stand mir ein Zaunpfahl im Weg und die Servolenkung der Sense war irgendwie kaputt. Ich scheiterte kläglich. Wortlos nahm der Opa mir die Sense ab, und das Gras war schneller gemäht, als Kathrin und ich gucken konnten. Wir kratzten es dann zu Haufen zusammen.

Danach ging es zum Melken.

»Als Kind war ich oft auf einem Bauernhof hier in der Nähe im Urlaub«, erzählte Kathrin Arnold und mir, während Arnold uns den Ziegenstall zeigte.

»Hast du denn auch gemolken damals?«, wollte unser Chef wissen.

»Klar«, sagte Kathrin, »ist halt nur ein paar Jahre her.«

Ich sagte lieber nichts, denn ich hatte auch noch nie irgendetwas gemolken. Wir hörten aufmerksam zu, als Arnold uns erklärte, wie sein Stall funktionierte. Zwei Bereiche gab es: den großen Laufstall für die Milchziegen und den Kindergarten für den Nachwuchs. 24 Ziegendamen waren zu melken, jeweils sechs auf einen Streich, praktisch im Melkstand, sodass wir uns noch nicht einmal zu bücken brauchten. Mit Kraftfutter lockte Arnold die ersten sechs in den Melkstand. »Bevor wir die Melkmaschine ansetzen, müssen wir kurz von Hand anmelken. So reinigen wir das Euter.« Die Zitzen sahen in Arnolds großen Arbeiterhänden winzig aus. Vorsichtig berührte ich zum ersten Mal ein Euter. Ganz dicht trat ich von hinten an die Ziege, die sich auf ihr Kraftfutter konzentrierte, heran. Warm, ein kleines bisschen ledrig, aber irgendwie vertraut fühlte es sich an. ›Gar nicht so viel anders als meine eigene Haut, nur ein bisschen rauer und ein bisschen fester‹, dachte ich. Während sich meine Finger um eine Zitze schlossen, um ihr ein paar Tropfen Milch zu entlocken, musste ich schlucken. ›Ob ich der Ziege wehtue? Was sie wohl von mir denkt, wenn ich ihr jetzt die Milch stehle, die eigentlich für ihre Zicklein ist?‹

Aber viel Zeit zum Nachdenken blieb nicht. Arnold schaltete die Melkmaschine an und zeigte uns, wie die Milch direkt vom Melkstand aus über Edelstahlröhren in einen ge-kühlten Tank geleitet wurde. Von unten sollten wir die Melk-kelche an die Zitzen heranführen und dann über diese stülpen, bis sie sich festgesaugt hatten. Sobald die Hände frei waren, ging's zur nächsten Ziege. Als wir die ersten sechs gemolken hatten, öffneten wir für sie den Ausgang und trieben sie in einen Wartebereich, holten die nächsten sechs herein, gaben auch diesen Kraftfutter und melkten sie. Kathrin und ich grinsten uns an. »Cool, oder?«, rief ich zu ihr rüber, und wir klatschten uns ab. Kaum waren wir eine halbe Stunde im Stall bei den Tieren, hatten wir die Welt um uns herum vergessen. Köln, Frankfurt, der Ärger im Büro, was zählte das noch? Jetzt ging es einzig darum, uns um die Tiere zu kümmern und unsere Arbeit zu machen. Und plötzlich keimte Zufrieden-heit in mir auf. In diesem Moment wusste ich genau, wofür ich mich hier anstrengte – es hatte Sinn! Und ich war durch-strömt von der Wärme und Liebe der Tiere. Ja, ich weiß, es muss sich komisch anhören, denn die meisten Ziegen hatte ich nur von hinten gesehen, und ich hatte mich hauptsächlich mit ihren Zitzen beschäftigt. Und Ziegen sind keine Hunde, die sich fast selbstlos an uns Menschen ausrichten, ganz im Gegenteil. So anschmiegsam wie eine Katze, so dickköpfig wie ein Kind in der Trotzphase und so unstet wie die sprichwörtliche Hummel im Hintern. Und dennoch war ich bereits irgendwo in mir drin tief berührt und freute mich riesig auf die nächsten Tage. Nach dem Melken zeigte Bauer Arnold uns den Milchtank und seine kleine Käserei. »Morgen Abend könnt ihr mir beim Käsen helfen«, kündigte er an.

Gerade einmal ein paar Stunden waren wir jetzt hier, einen halben Tag und einen kurzen Abend. Aber mein Leben war schon dabei sich zu verändern. Ich war dabei mich zu verändern. Ich würde als jemand anderes nach Hause fahren. Ich war mir selbst hier, auf diesem ungewohnten Terrain, näher als in all den letzten Jahren in Köln, Hamburg oder sonst wo. Für manches würde es in meinem Leben keinen Platz mehr geben, für anderes plötzlich die Möglichkeit. Ich hatte mich herauskatapultiert aus einem zermürbenden Büroalltag in der Großstadt und hineingeworfen in einen Tagesablauf, der an erster Stelle von den Tieren und vom Wetter bestimmt wurde. Von jetzt auf gleich war mein Terminkalender arbeitslos geworden, und mein iPhone brauchte ich nur noch als Wecker. Meine neuen Arbeitskollegen hatten vier Beine und waren vergleichsweise leicht zu händeln. Statt Kostüm oder Anzug trug ich Blaumann, Gummistiefel und ungekämmte Haare.

Die nächsten Tage auf dem Bergbauernhof vergingen wie im Flug. Wir sammelten den Hühnern die Eier unter dem Hintern weg, gingen mit dem Opa ins Holz, schauten Arnold beim Käsen über die Schulter, rissen den alten Hühnerstall ab und retteten Rehkitze vor dem Motormäher. Wir verkauften die selbst gemachten Bio-Produkte auf dem Wochenmarkt und halfen unserer Gastfamilie bei der Buchhaltung. Wir kochten aus den Südtiroler Bergeiern Siegerländer Eierkäs und stopften Schokoriegel in uns rein, weil wir mit dem Kaloriennachschub nicht hinterherkamen. Wir machten uns schmutzig, schwitzten aus allen Poren und schliefen wie Steine. Wir erledigten, was zu erledigen war, und wenn wir mit einer Arbeit fertig waren, gab unser Chef uns eine nächste. Wir schafften so viel weg wie noch nie in unserem Leben. Wir waren stolz – und glücklich!

Und ich, ich hatte Feuer gefangen. Plötzlich war alles anders! Denn jetzt war mir klar, dass meine Qualen im Büro endlich waren. Ich selbst hatte es ja in der Hand, sie zu beenden! Denn ich würde meine Segel neu setzen! Ich war weniger erschrocken darüber, dass ich das vergessen hatte, sondern einfach nur erleichtert, weil ich es wiederentdeckt hatte. Bei Bauer Arnold waren offensichtlich nicht nur meine Arme und Beine stärker geworden. Nein, die paar Tage voll harter Arbeit hatten meinen Blick geschärft und meinen Willen aufgerichtet. »Ätschibätschi«, rief mir mein inneres Kind jetzt immer häufiger zu, wenn ich mich im Büro ärgerte, »ich kann aber mit der Seilwinde einen Baum aus dem Wald ziehen und aus eigener Kraft dreieinhalbtausend Meter hohe Berge besteigen!« Und wenn ich das konnte, dann konnte ich noch viel mehr. Nein sagen zum Beispiel. Oder Stopp. Oder ja. Oder kündigen.

Mit Option A hatte ich also ins Schwarze getroffen. Dennoch wollte ich mich absichern und mir auch die zweite Lösungsidee, eine Saison auf einer Berghütte, noch einmal aus der Nähe anschauen. Ich buchte für den Sommer eine Hochtour durch die Ötztaler Alpen, die unsere Gruppe auf mehrere

Dreitausender-Gipfel führte. Umgeben von Fels und Eis war ich voll in meinem Element. So sehr ich den Wald liebe, oberhalb der Baumgrenze ist auch mein Revier. Die klare, kalte Luft, die reiche Leere und das Gefühl, es aus eigener Kraft bis hier hinauf geschafft zu haben, ließen mein Herz hüpfen. Doch nach dem dritten Hüttenabend wusste ich: Auf einer Berghütte würde ich nicht arbeiten wollen. Kochen, Servieren, Putzen und Betten beziehen konnte ich auch in der Stadt. Aber jeden Tag draußen sein, bei Wind und Wetter, Sonne und Schnee, meine geliebten Berge mit Haut und Haaren erleben, mich im Nebel verlieren, an Kuhbäuchen seufzen und im Duft von Heu einschlafen, das konnte ich nur auf der Alp.

Zurück in Köln träumte ich von jetzt an groß. Längst ging es mir nicht mehr nur darum, einen Sommer in den Bergen zu verbringen. Nichts weniger als mein ganzes Leben wollte ich umkrempeln! Ich wollte frei sein. Den furchtbaren Job an den Nagel hängen. Ausbrechen. Aufbrechen. Eine Coachingausbildung absolvieren. Auf die Alp gehen. Mich selbstständig machen. Und ganz vielleicht, wenn mir das Älplerleben tatsächlich gefallen würde, wieder auf die Alp gehen. Und wieder. Denn diese Freiheit hätte ich ja dann.

Genau kann ich mir nicht erklären, wie es überhaupt passieren konnte, dass ich in einem Unternehmen gelandet war, das zu null Prozent zu mir passte. Vielleicht lag es daran, dass ich von dem Job davor irgendwann auch nur noch wegwollte und dass meine »weg von«-Motivation damals so viel stärker war als das »hin zu«. Ja, wahrscheinlich hatte ich nicht genug sondiert und mich zu schnell auf die neue Stelle eingelassen.

Ich blickte zurück auf mein Studium, das ich mir als »rasende Reporterin« bei einer Tageszeitung finanziert hatte, auf die Praktika bei Audi, L'Oréal und der Krombacher Brauerei, auf Sommerjobs in Kanada, Australien und der

Schweiz und auf elf Jahre Angestelltendasein. Der Zufall hatte es gewollt, dass ich nach dem Studium meinen Anker bei einer Flusskreuzfahrtreederei warf. Ich bezog eine kleine Wohnung in Köln und stürzte mich ins Geld- und Renteverdienen. Ziemlich schnell fand ich Gefallen an meiner Aufgabe, an den Dienstreisen, dem Unterwegssein. Ich lernte an Land und an Bord viele Menschen kennen und wurde immer fleißiger und fleißiger. Bald schon kannte ich keine Feierabende und Wochenenden mehr. Einmal musste mir sogar ein Teil meines Jahresurlaubs ausbezahlt werden, so hatte ich mich in meinem Hamsterrad eingerichtet. Aber ich durfte mich »Marketing-leiterin und Pressesprecherin« nennen und einiges von der Welt sehen, an wichtigen Meetings teilnehmen und meine Firma national und international repräsentieren. Aus dem ersten Job, den ich zwei, höchstens drei Jahre hatte aus-probieren wollen, wurde schließlich eine kleine Karriereleiter, die ich über acht Jahre lang beschritt.

Nächste Station: das wunderschöne Hamburg! Nun durfte ich mich um die Vermarktung von Hochseekreuz-fahrten kümmern und schipperte für Fotoshootings oder Pressereisen auf Schiffen einer anderen Größenordnung durch die Welt. Dass ausgerechnet während meiner Zeit in Hamburg die Costa Concordia untergehen würde, konnte niemand ahnen. Über Nacht hatte unser Büroalltag mit all seinen Finessen – dem Flurfunk, der Gerüchteküche und der peniblen Regelung der Raucherpausen – keine Bedeutung mehr. Wir rückten eng zusammen und gaben alle gemeinsam unser Äußerstes, um diese schwere Zeit zu bestehen. Es war uns eine Ehrensache, den betroffenen Familien so gut wir konnten beizustehen.

Und dann wieder Köln, das mich lebenslustig-kunterbunt willkommen hieß. In meinem Veedel, dem Eigelstein, ließ ich mich vom Multikulti-Treiben anstecken und wurde Stamm-kundin im marokkanischen Copyshop, vietnamesischen Restaurant und türkischen Gemüseladen. Meine Innenhof-terrasse entwickelte sich an lauen Sommerabenden zum ge-selligen Hotspot, und ich begann, die Erlebnisse bei Bauer Arnold im Herzen, mein neues Leben aufzubauen, je zäher die Stunden im Büro, desto mehr. Als mein Arbeitgeber den mir gesetzlich zustehenden Bildungsurlaub für die Coaching-ausbildung ablehnte, war das kein Hindernis, sondern eine Extraportion Öl in mein Feuer.

Natürlich hielt ich an meinen Plänen fest und ab-solvierte in aller Ruhe und an regulären Urlaubstagen die Ausbildung. Im Winter bewarb ich mich bei Familie Aeby in der Schweiz. Im Frühling 2014 legte ich die Abschlussprüfung der Coachingausbildung ab und kündigte Job, Wohnung und Yogakurs. Und dann ging ich auf die Alp.

Sack und Pack

»Du brauchst auf jeden Fall einen guten Hut«, rät Stefanie mir noch am Telefon, kurz bevor es losgeht. »Mit einer Mütze hörst du nichts. Du musst die Ohren frei haben. Und Regen-sachen wirst du brauchen!«

Zum Glück ahne ich noch nicht, wie recht meine neue Chefin mit ihrem letzten Hinweis haben wird, sonst hätte ich womöglich schon kapituliert, bevor es überhaupt los-geht. Ich sitze auf den Umzugskartons in meiner Wohnung am Eigelstein ganz in der Nähe des Kölner Hauptbahnhofs. Vorgestern habe ich ein kleines Abschiedsfest gegeben, und morgen löse ich die Wohnung auf.

Voll ist sie geworden, die Alptasche, obwohl ich nur das Nötigste eingepackt habe. Aber weil ich nicht weiß, wie oft ich für Besorgungen ins Tal kommen werde, nehme ich vorsorglich Lebensnotwendiges wie Wattestäbchen, Kontaktlinsenmittel und Sonnencreme für vier Monate auf Vorrat mit. Gepackt habe ich in drei Chargen: Neben der Tasche für die Alp steht ein Rucksack für die Wandertour bereit, die ich noch mit Kathrin unternehmen möchte, der Rest wird eingemottet.

Dieser Umzug ist nur einer von mehreren in meinem Leben, aber ein ganz besonderer. Denn ich habe keine Ahnung, was der Alpsommer mit mir machen wird. Mein grobes Ziel für danach steht zwar – ich möchte mich selbstständig machen –, aber wo, da wage ich mich nicht festzulegen. Werde ich nach vier Monaten in der Natur wieder Lust auf die Stadt haben? Werde ich dann überhaupt noch Stadtkompatibel sein? Bleibe ich vielleicht gleich in den Bergen? Nein, die Wohnungsauflösung kommt mir rundherum richtig vor. So bin ich frei in meinen Entscheidungen. Alle Eingebungen, die ich während des Alpsommers haben möge, kann ich so erst einmal willkommen heißen. Ich habe keinen Klotz in Form einer Wohnung am Bein, zu dem ich unbedingt zurückmüsste. Vieles von dem wenigen, was ich besitze, habe ich verkauft und verschenkt, und was übrig ist, passt hoffentlich in ein leeres Kinderzimmer bei meinen Eltern – das wird sich morgen herausstellen.

In ihrer Mittagspause kommt eine Freundin kurz vorbei, und wir trinken auf dem Sofa die letzte Tüte Saft aus. Aufgeregt überlegen wir, wie es wohl sein wird auf der Alp, und wir plaudern über meine Zukunftspläne für danach. »Nach der Alp mach ich mich auf jeden Fall selbstständig. Und wenn das nicht klappt, dann kann ich ja wieder eine Stelle annehmen«, fasse ich zusammen. Zweifel oder Angst habe ich im Moment keine. Denn seit der Coachingausbildung stelle ich mir regelmäßig die Frage, was das Schlimmste ist, das passieren kann. Und das ist im Hinblick auf meine geplante Existenzgründung nun wirklich nicht viel.

In Bezug auf die Alp habe ich mir diese Frage hingegen nicht gestellt. Die vier Monate werde ich durchziehen, komme, was da wolle, auch wenn ich, ehrlich gesagt, mit ziemlich wenig Vorbereitung und Vorwissen z'Bäärg, zu Berg, gehe. Beim Vorstellungsgespräch im Winter haben die Kinder meiner Alpfamilie mir zwar Fotos gezeigt und jede Menge über die Alp Salzmatt erzählt. Aber ein klares Bild vom Leben und Arbeiten dort oben habe ich nicht, und der Hof von Bauer Arnold in Südtirol war ein ganzjährig bewirtschafteter Betrieb und keine Alp, die nur während des Sommers beweidet wird. Aber ich habe beschlossen, dass es so, wie es ist, gut ist. Die vier Monate sind überschaubar. Wenn es hart auf hart kommt, werde ich die Zähne zusammenbeißen können, das weiß ich. Ich will auf die Alp, und dann mache ich es auch. Ich will die Alp als Übergang von meinem alten in mein neues Leben. »Ich finde das so toll, dass du das machst«, bestärkt meine Freundin mich noch einmal zum Abschied. »Das wird bestimmt großartig!«

Am nächsten Morgen beziehe ich um sieben Uhr Position auf der Fensterbank, von wo aus ich die für den Umzug reservierte Parklücke im Auge habe.

Beim Einzug vor anderthalb Jahren war genau das passiert, was man an einem solchen Tag nicht gebrauchen kann: Erst blockierte ein Falschparker in der engen Einbahnstraße die beim Ordnungsamt bestellte Parklücke und dann der Umzugs-Lkw die ganze Straße, bis die Behörden den Falschparker ausfindig gemacht hatten. Das war nicht lustig damals, zumal ich an demselben Tag, als ich morgens in Hamburg auszog, dieses Spiel schon einmal miterlebt hatte.

Schnell gebe ich meinen Beobachterposten auf, springe die Treppen nach unten und stelle mich sicherheitshalber als menschlicher Pylon in die Parklücke. Schreite auf und ab. Schaue nach oben zu meinem alten Zuhause im ersten Stock. Sprinte in die Bäckerei an der Ecke, um Verpflegung für das Umzugsteam zu besorgen. Und da ist es geschehen: Eine fette Limousine hat es sich mitten in meiner Parklücke gemütlich gemacht. Ich schaue auf die Uhr: In sieben Minuten will der Lkw anrücken. Himmel! Und der Himmel schickt sie tatsächlich just in diesem Moment, die schwarzen Engel vom Ordnungsamt der Stadt Köln, denen ich meine Not prompt klage. Sie klappern die Büdchen und Bäckereien in der Nachbarschaft ab und bringen den Parksünder schlussendlich herbei, der mit eingezogenem Schwanz abdüst. Er wird ja nie erfahren, dass meine Umzugshelfer aus Versehen nicht mit dem Lkw, sondern mit dem Sprinter gekommen sind und der Platz fürs Rangieren und Beladen trotz des Parksünders gereicht hätte. »Oh, da haben wir wohl das Falsche erwischt«, begrüßt mich der Fahrer, als ich ihn auf sein kleines Fahrzeug in der großen Parklücke anspreche. »Aber Sie haben doch nicht so viel, oder?«

Schlussendlich passt tatsächlich alles irgendwie, sowohl in den Sprinter als auch in das Haus meiner Eltern im Siegerland. Die letzten drei Tage in der Heimat nutze ich für Besuche bei Freunden und beim Friseur. Und natürlich ist ausgerechnet in der letzten Nacht vor der Abreise Vollmond und kaum an Schlaf zu denken. Samstagmorgen um kurz nach fünf ist es dann so weit: Ich tapse zu Mutti ins Schlafzimmer, lasse mich noch einmal in den Arm nehmen und wecke Papa, der mich zum Bahnhof bringt. Als ich um 5.54 Uhr mit Sack und Pack in den Zug steige, geht die Sonne wie ein weißer Feuerball auf.

Manchmal hat man so eine Ahnung, dass aus einer kleinen Sache etwas Großes wird. Dann wird der Bauch ganz warm, und im Kopf beginnt es zu rauschen. Mir ging es so, als ich die Idee hatte, nicht einfach nur mit Bus und Bahn zur Alp zu reisen, sondern das letzte Stück zu Fuß zu gehen. Als ich bei meinen Recherchen im Internet die Via Alpina entdeckte, tat mein Herz einen Sprung, und ich wusste, ich hatte das Richtige gefunden. Der Fernwanderweg führt auf über fünftausend Kilometern durch acht Alpenländer und über 14 Pässe. Ich tüftelte aus, in Meiringen im östlichen Berner Oberland zu starten und gen Westen bis nach Gstaad zu laufen, das Luftlinie rund zwanzig Kilometer südlich von der Salzmatt liegt. Und das schönste Glück war, dass meine Freundin Kathrin mich begleiten wollte.

In Frankfurt besteigen wir denselben ICE und brausen nach Bern, wo ich mein Alpgepäck deponiere und mir im Swisscom Shop eine Schweizer SIM-Karte besorge. Am späten Nachmittag erreichen wir dann Meiringen und marschieren zu unserer Unterkunft: Ich hatte das Schtibli auf dem Dachboden eines Stalls ergattert und bin von diesem romantischen Start in mein Alpabenteuer ganz begeistert. Fasziniert inspizieren wir alte Milchkannen und verstaubtes Werkzeug, das sich vor unserer Zimmertür stapelt. »Guck mal hier!«, rufen wir uns abwechselnd zu und zeigen uns Fundstücke aus vergangenen Bauernhofzeiten.

Aber jetzt plagt uns nach der langen Reise der Hunger. Das Einzige, das wir uns leisten können, ist ein Döner im Istanbul Imbiss am Bahnhof – für einen zweistelligen Betrag. Pro Portion, versteht sich. Ja, wir sind tatsächlich in der Schweiz angekommen. Radler, das hier Panasch heißt, und Pringles zum Nachtisch sind zwar auch nicht billig, aber notwendig. Auf dem Rückweg zu unserer Herberge taucht die

Abendsonne das Haslital in einen goldenen Schimmer, sodass die Ohren der Kühe auf den Weiden nur so leuchten. Voller Spannung und Zuversicht auf das, was kommt, gehe ich zu Bett.

Sieben strenge Wandertage liegen vor uns. Übernachten werden wir in Grindelwald, Lauterbrunnen, auf der Griesalp, in Kandersteg, Adelboden, Lenk und schließlich Gstaad. Gleich am ersten Tag stehen 1.350 Höhenmeter Aufstieg, 23 Kilometer Strecke und acht Stunden Gehzeit auf unserem Plan. Kaiserwetter und auf den letzten Höhenmetern Neuschnee begleiten uns auf unserem Weg über die Große Scheidegg. Die Stirn verbrennt, die Knie schmerzen. Zum Lohn servieren uns am Abend ein paar Schwaben auf dem Balkon unseres Sechserzimmers in der Jugendherberge heimischen Apfelsaft.

Am nächsten Tag haben wir zwanzig Kilometer, siebeneinhalb Stunden Gehzeit und 1.100 Höhenmeter Aufstieg vor uns und machen uns schon früh im Schatten der Eiger Nordwand daran, die Kleine Scheidegg zu erklimmen. Je höher wir kommen, desto mehr plagt uns jedoch der Schnee. Wir versinken teils bis zu den Knien und brauchen doppelt und dreifach Kraft für die letzte Passage. Kathrin kommt als Erste oben an und wird unfreiwillig zum Touri-Star. Als japanische Touristen sie wie aus dem Nichts über die Kuppe kommen sehen, wähnen sie in ihr wohl die nächste Gerlinde Kaltenbrunner und zücken ihre Handys. Auch ich darf noch mit aufs Foto, bevor wir uns mit Cola und Mars belohnen. Doch so langsam wird uns angesichts des vielen Schnees mulmig zumute. Beim Abstieg nach Lauterbrunnen überlegen wir hin und her, wie wir weitermachen wollen. Die nächste Etappe würde uns nämlich quer durchs Gebirge und über einen spektakulären Passübergang, die Sefinenfurgge, führen, und schlafen würden wir nicht in einem Dorf im Tal, sondern in einem Matratzenlager in den Bergen. So leihen wir uns am Abend in Lauterbrunnen Schneeschuhe aus, um wenigstens etwas besser gewappnet zu sein. Aber die Vernunft und die eindringlichen Ratschläge der erfahrenen Touristeninformationsmitarbeiter in Lauterbrunnen und Mürren siegen. Auch in unserem Hostel wird uns eindringlich abgeraten.

»Die Lawinengefahr ist einfach zu groß. Ihr solltet die Sefinenfurgge jetzt mit dem ganzen Neuschnee wirklich nicht überschreiten«, mahnt unsere Herbergsmutter. So schreiben wir unsere Route einfach um, buchen eine zweite Nacht in Lauterbrunnen und besteigen am nächsten Morgen mit den Schneeschuhen das Schilthorn.

Den Berg haben wir ganz für uns allein. Alles um uns herum glitzert und funkelt in frischem Weiß. Vom Inferno-Skirennen im Winter sind bis auf ein paar orange Fangzäune keine Spuren mehr zu sehen, als wir uns die steile Rennstrecke hinaufquälen. Ich kann kaum glauben, dass ich das hier wirklich gerade mache: spontan unter Winterbedingungen das 2.970 Meter hohe Schilthorn besteigen und nebenbei mit meinem Anwalt am Ohr die letzten Dinge in Köln abwickeln. Ja, ich wäre auch allein zu Fuß zur Alp gegangen. Aber ohne Kathrin an meiner Seite hätte ich diese beiden Gipfel niemals geschafft.

Der Schnee beschert uns in den nächsten Tagen weitere Planänderungen. Anstatt quer durch die Berge müssen wir uns um die Berge herum einen Weg bahnen. Die zusätzlichen Kilometer decken wir mit Zug und Postbus ab, bis wir in Adelboden wieder auf unsere Originalroute stoßen. Zwischendurch gewinnen wir sogar Zeit für einen Bummel durch Interlaken, einen Café- und einen Saunabesuch.

Schließlich bringen uns die letzten 21 Kilometer von Lenk zu unserem Ziel Gstaad. Wir checken unser Budget und die Speisekarte und entscheiden, dass wir uns ein Schweizer Käsefondue redlich verdient haben.

Jetzt muss ich mich daran gewöhnen, dass es für mich alleine weitergeht. Muss mich von Kathrin verabschieden, die dabei war, als ich mich in die Berglandwirtschaft verliebt habe und die mich zu Fuß bis nach Gstaad begleitet hat. Bis Bern sitzen wir noch im selben Zug, dann steige ich aus und hole meine Siebensachen aus dem Depot. Ich werde in Bern übernachten, bevor ich morgen zu Aebys weiterreise. Als ich die Zahnradbahn hinunter zur Jugendherberge an der Aare nehme, zittern meine Knie.

Die letzten Stunden vor dem Alpabenteuer will ich meinen Kopf noch einmal durchlüften. Es drängt mich geradezu nach draußen, raus aus dem Schlafsaal, weg von den aufgedrehten Rucksacktouristen. An die Aare sind es nur ein paar Meter. Das berühmte Freibad direkt am Fluss ist bis auf den letzten Platz voll. Jung und Alt genießen Sonne und Wasser und lassen sich in ihrem Vergnügen einfach treiben. ›Ein Freibad wird mich diesen Sommer wohl nicht zu sehen bekommen‹, denke ich mit Blick auf die vier Monate Alp, die vor mir liegen. Und da ich eine Frostbeule bin, wohl auch kein Bergsee. Mich zieht es zur Mauer am Ufer, von wo aus ich die Slackliner beobachten kann, die über die Aare balancieren. Ein paar Schaulustige bestaunen die Wagemutigen. Einer schafft tatsächlich den ganzen Weg vom Einstieg auf der Brücke bis zu mir auf der Mauer am Ufer ohne Sturz, und das obwohl die Aare unter ihm reißt und rauscht. Ich freue mich für den Seilgänger, fühle den Stolz und die Erfüllung, die ich in seinem Gesicht lese.

Jetzt ist ein guter Moment. Ich schlage das Tagebuch auf, das Kathrin mir geschenkt hat. *Dieses Buch soll dich während der Zeit deines neuen Lebens auf der Alp begleiten. Füll es für uns mit wundervollen Geschichten,* lautet die Widmung meiner Freundin. Schon sind Tränen da. Ich muss an meine Mutter denken, die mich zu meinen vielen Reisen immer mit den Worten verabschiedet hat: »Reis für mich mit! Guck dir die Welt für mich mit an!« Das mache ich, das werde ich, und ich werde versuchen, alle, die mich unterstützt haben, an meinem Abenteuer teilhaben zu lassen.

Zwei Etappen noch, dann bin ich bei Familie Aeby. ›Fribourg‹, denke ich im Zug, ›gleich bin ich in Fribourg! Weißt du noch, als wir 1998, vor 16 Jahren, dort studiert haben, zwei Freundinnen und ich?‹ Erinnerungen kommen hoch, Erinnerungen an ein anderes Leben, ein so leichtes, so glückliches, so unüberlegtes!

Was hatten wir für einen Spaß! USA oder Australien, es war uns völlig egal, wo unsere Kommilitonen ihr Auslandssemester verbrachten. Und es war ganz sicher eine Fügung, dass wir in Bourguillon im Wohnheim der Baldegger Schwestern, den »Schwestern von der Göttlichen Vorsehung«, unterkamen, außerhalb des Städtchens, auf der anderen Seite der Schlucht von Fribourg, die der Postbus gerade hinaufschnauft.

Ein Gänsehautmoment. Perfekter kann sich ein Kreis gar nicht schließen. Der Bus kommt vor »unserer« Konditorei von damals zum Stehen. Die Auslagen im Schaufenster sehen noch genauso verlockend aus wie eh und je. Leider hat unser Geld meistens nicht für die Éclairs und Millefeuilles gereicht, und ich sehe uns schwärmend und rechnend vor den Fensterscheiben stehen. Dann fahren wir gemächlich, weil es hier recht eng ist, an »unserem« Wohnheim und an »unserer« Kapelle vorbei, weiter durch das restliche Dorf, und als dahinter die Wiesen und Weiden beginnen, ist der Kreis rund und ich habe das Gefühl, in eine neue Umlaufbahn einzutauchen.

An der Haltestelle zwei Dörfer weiter erwartet mich mit Stefanie, Yves (neun), Pascal (acht) und Livia (fünf) ein vierköpfiges Empfangskomitee meiner Sommerfamilie. Herzlich heißen sie mich willkommen, und alle geben sich Mühe, Hochdeutsch zu sprechen, damit ich sie verstehen kann. Wir laden mein Gepäck in den Kofferraum und steigen ein. Die Kinder krabbeln auf die Rückbank und hören gespannt zu, was die Großen vorne zu besprechen haben. Bis wir übermorgen auf die Alp zügeln, werden wir noch auf dem Tal-Bauernhof zu tun haben.

»Du wirst gleich alles kennenlernen«, ermutigt Stefanie mich auf der Fahrt über die Schotterstraße.

Auf dem Hof angekommen, nehmen die Kinder mich in Beschlag und ziehen mich in den Stall. Es ist gerade Melkzeit. Yves und Pascal wissen schon, dass ich auf der Alp für die Ziegen zuständig sein werde, und erklären mir, sich gegenseitig übertrumpfend, was zu tun ist, dass ihre Wangen nur so glühen: wo das Kraftfutter steht, wie viel Heu die Ziegen bekommen, wo ich die Melkmaschine anstelle, wo die Milch hinkommt. Das alles muss ich jetzt zwar auf die Schnelle lernen, aber oben auf der Alp wird dann vieles anders sein als hier unten: die Ställe, die Abläufe, die Handgriffe.

Als wir nach dem Melken zum Wohnhaus hinübergehen, begrüße ich auch die vierbeinigen Familienmitglieder Rex und Netti.

»Rex sitzt schon seit ein paar Tagen im Kofferraum vom Käsereiauto, weil er Angst hat, dass wir ihn beim Zügeln vergessen«, erklärt Yves mir.

›Also noch einer, der bereit für die Alp ist‹, denke ich.

Während ich Rex streichle, damit er mich besser kennenlernt, schiebt sich seine Mutter Netti von der Seite an meine Beine. Für mich sind die beiden auf den ersten schnellen Blick zwei schwarze, mittelgroße Hunde mit ein paar Farbklecksen hier und da im Fell.

»Wie kann ich sie am besten voneinander unterscheiden?«, frage ich Yves, der perplex ist und mir die Frage gar nicht beantworten kann.

›Meine Güte‹, muss er denken, ›das sind doch zwei völlig verschiedene Charaktere, mal ganz abgesehen von den nicht zu übersehenden Unterschieden in Geschlecht, Größe, Gewicht und Gesicht. So blöd kann nur eine aus der Stadt fragen. Oder eine Deutsche. Oder eine, die den Alpsommer nicht schaffen wird.‹

Meine unbedachte Frage werde ich mir schon am nächsten Tag selbst beantworten können. Netti, das ist die liebevolle gute Seele, und Rex ist der König. Der König der Berge! Und mein treuer Begleiter, mein bester Freund auf der Alp, Engel in meinem Herzen.

Beim Abendessen übertreffen die Buben sich weiter gegenseitig mit ihren Berichten von den Bergen. »Sie sind schon im Alpfieber, weil es bald wieder losgeht«, lacht Stefanie. »Wir waren in den letzten Wochen ja schon oft oben zum Zäunen und Vorbereiten, und jetzt kann es allen gar nicht schnell genug gehen.« Dabei können die Jungs, die schon schulpflichtig sind, bis zu den Sommerferien nur an den Wochenenden und eine Nacht unter der Woche auf die Salzmatt kommen, ansonsten sind sie bei den Großeltern auf dem Hof. Aber das bringen wir jetzt lieber nicht zur Sprache. Ihre Euphorie ist einfach zu schön anzusehen! Nur kurz nach den Kindern gehe auch ich zu Bett. Ab morgen wird für mich um halb sechs Arbeitsbeginn sein.

Vorsichtig, um die Kinder nicht zu wecken, tapse ich um Punkt halb sechs durch das dunkle Haus. Ich möchte auf jeden Fall pünktlich sein! Als ich in den Stall komme, sind Stefanie und Markus schon da.

Stefanie möchte heute die Gelegenheit nutzen, mir das Ziegenmelken und das morgendliche Waschen des Melkgeschirrs zu zeigen, bevor wir morgen auf die Alp zügeln. Ich versuche, mich nicht allzu doof anzustellen, aber hier im Anbindestall ist alles so ganz anders als in dem Laufstall mit Melkstand, den ich bei Bauer Arnold in Südtirol kennengelernt habe. Vor allem eng ist es, und bevor wir mit dem Melken beginnen können, müssen wir erst einmal den Mist der letzten zwölf Stunden unter den Tieren wegräumen. Ständig stoße ich mich oder stehe mir selbst im Weg. Schon nach wenigen Minuten bin ich nass geschwitzt. Und dann will ich natürlich alles richtig machen, denn meine Chefin schaut mir schließlich zu. Dabei ist sie noch nicht einmal streng mit mir, sondern im Gegenteil voller Verständnis und zudem gewohnt, jedes Jahr eine neue Angestellte anzulernen. Aber ich bin genervt von mir selbst, weil ich doch eigentlich weiß, dass jeder Anfang schwer ist, und ich mich dennoch unter Druck setze.

Als das Melken geschafft ist und Markus die Milch zur Käserei bringt, zeigt Stefanie mir, wie man das Melkgeschirr wäscht. Zu allem Überfluss ist heute die saure Wäsche dran, bei der noch umfangreicher gebürstet und geschrubbt wird als sowieso schon, und während des gesamten Prozederes läuft in dem gefliesten und betonierten Räumchen, in dem wir zugange sind, der Motor der Kuhmelkmaschine.

Es kommt einfach alles zusammen. Ich kann Stefanie nur schwer verstehen und auch kaum begreifen, was sie mir da erzählt. Mit dieser Bürste reinigst du diesen Schlauch, mit der anderen jenen. Für jeden Schlauch scheint es ein eigenes

Bürstchen zu geben. Dabei sieht für mich alles gleich aus! Schön wäre es ja auch, wenn das Melkgeschirr von Kühen und Ziegen irgendwie identisch zu reinigen wäre. Aber nein, natürlich nicht, natürlich wird das Kuhzeug anders zerlegt und geputzt als das Ziegenzeug. Und dann muss das eine zehn Minuten und das andere fünf Minuten lang an der Melkmaschine durchgespült werden. Ich kapituliere, und Stefanie tröstet mich damit, dass sie mir alles noch einmal auf der Alp erklären wird. Ich schaue einfach nur noch zu. Schweigend beendet Stefanie das aufwendige Waschen. Jeder Handgriff sitzt. Ob ich das eines Tages auch können werde? Ich glaube es nicht. Noch nicht einmal beim Frühstück sind wir angekommen, und ich bin schon fix und fertig. Und ich bin immer noch nicht auf der Alp!

Mir schwant, dass dieses Unterfangen alles andere als leicht wird. Der Begriff »Polepole«, kommt mir in den Sinn, was langsam bedeutet. Das haben die Bergführer Kathrin vorgebetet, als sie vor ein paar Jahren den Kilimandscharo bestiegen hat, das hat sie mir vorgebetet, als wir vor ein paar Tagen auf das Schilthorn gestapft sind, und das gilt ja eigentlich immer im Leben. In der Ruhe liegt die Kraft. Einen Schritt nach dem anderen. Sieben auf einen Streich, das scheint nur was für Vollprofis zu sein.

Als wir nach dem Frühstück die Autos beladen und auf die Salzmatt fahren, sieht die Welt schon wieder freundlicher aus. Es geht nach oben! Wir wollen ein paar Sachen hinaufbringen, um dann morgen in einem Rutsch umziehen zu können. Auf der Fahrt nach oben zeigt Stefanie mir den Käsekeller, in dem »unsere« Alpkäse lagern und reifen, das Gold der Alpen. Wir fahren an der Schwarzen Sense entlang, die die Grenze zwischen den Kantonen Freiburg und Bern bildet. In

Sangernboden, auf knapp tausend Metern, dem letzten Dorf vor dem Muscherenschlund, biegen wir rechts ab. Höhenmeter für Höhenmeter und Kurve für Kurve geht es jetzt der Salzmatt entgegen. Konzentriert lausche ich Stefanies Erläuterungen zum Tal und zu den Bauernfamilien, die die anderen Alpen bewirtschaften. Begierig nehme ich alles in mir auf, um möglichst schnell ein Teil dieser Welt zu sein. Magisch kommen mir diese Minuten der allerersten Fahrt nach oben jedoch nicht vor. Dafür bin ich viel zu gespannt. Und erst jetzt wird mir klar, dass die Salzmatt die oberste der Rinderalpen in unserem Tal ist, gelegen am Fuße der Kaiseregg. Ganz bewusst habe ich mir vorab das Gebiet nicht auf Google Earth angeschaut, sondern ich will alles »live« auf mich zukommen lassen. Jetzt bin ich für einen Moment doch ein wenig sprachlos. Irgendwie sieht es hier, mit Verlaub, etwas tot aus. Statt blühender Blumenwiesen sehe ich auf den ersten Blick Schneefelder und braunen Matsch. Und natürlich keine Tiere, denn die kommen ja erst nach oben, wenn die Menschen da sind. ›Klar‹, denke ich, ›ich komme ja auch nicht als Touristin auf die Alp, wenn alles grünt und blüht und postkartenreif aussieht, sondern ich erlebe die Alprealität von A bis Z. Mutter Natur wird draußen noch für das Erblühen der Alp sorgen und Stefanie in der Hütte und auf der Terrasse.‹ Es ist manchmal schon komisch: Da will man aufgeschlossen durch die Welt spazieren und ertappt sich bei den einfachsten Trugschlüssen!

Oben angekommen, laden wir die beiden Autos aus und verräumen alles in der Hütte. Auch Livia packt mit an. Zur Mittagszeit hat Stefanie eine Überraschung für mich: »Ich hatte keine Zeit, etwas vorzubereiten. Daher darfst du dir aussuchen, ob wir uns jetzt ein Fondue oder ein Raclette machen!«

Begeistert wähle ich das Käsefondue. Stefanie schürt ein Feuer im Herd und setzt einen Topf mit Fendant auf. Während die Flammen wachsen und der Weißwein warm wird, reibt sie den Käse in eine Schüssel, den sie dann, Handvoll für Handvoll und unter ständigem Rühren, im Wein schmelzen lässt. Zum Schluss löst sie Speisestärke in Kirschwasser auf und mischt den jetzt milchig-weißen Schnaps unter den Käse. Ruckzuck steht das Cheesfondü auf dem Tisch, neben den Brot- und Apfelstücken, die Livia und ich vorbereitet haben. Der Duft geschmolzenen Käses zieht durch die Hütte. Im Herd knackt das erste Feuer des Sommers. Markus kommt herein und setzt sich zu uns. Ich spieße ein Brotstück auf meine Gabel und tauche es in das Fondue. Als ich es in meinen Mund führe, schließen sich meine Augen von ganz allein. So einfach, und so gut! Wie die Alpsaison, die vor mir liegt? Ich weiß es nicht, aber wenn das der Vorgeschmack auf den Bergsommer ist, der morgen anfängt, dann darf das Abenteuer nun wirklich endlich beginnen.

ERSTER BERGSOMMER

Uffart

Ich habe mir über die Alp vieles in meiner Fantasie ausgemalt. Ich sah blühende Bergwiesen, glückliche Kühe oder mich in kurzen Hosen bei der Heuernte. Ich sah mich über die Weiden wandern, auf Felsen hocken und gedankenvolle Briefe nach Hause schreiben. Ja, geradezu romantisch ging es zu in meinem Kopf, gemütlich, sonnig und insgesamt recht relaxed. Dabei lag der Arbeitseinsatz bei Bauer Arnold, der mir doch in allen Knochen spürbar gezeigt hatte, wie sich das Bauerdasein anfühlt, gerade mal ein Jahr zurück.

Aber wenn du um halb sechs in der Früh zum Melken gehst, ist es schnell vorbei mit der Romantik. »Morgen wird ein strenger Tag«, habe ich Markus' Worte im Ohr, als ich mich aus dem Bett schäle. Morgen, das ist heute. Alles ist vorbereitet, damit wir zügeln können.

Als Erstes dürfen die Ziegen auf Reise gehen, dann die Schweine. Fünf Stück wird Markus den Sommer über mästen und sie mit der Schotta, der Molke vom Käsen, füttern. »Kathi, chomm, hälff mer, komm, hilf mir«, winkt Markus mich zu sich. »Schaffst du das?«, fragt er mich, hebt dabei das erste Schwein hoch und bringt es, ohne meine Antwort abzuwarten, nach draußen in den Anhänger. Ich schnappe mir ein Ferkel, was gar nicht so einfach ist. Zum Glück ist der Pferch klein und es sind noch vier da, also greife ich mir das nächstbeste. Yves und Pascal schauen gespannt zu. Nein, ich werde ihnen nicht den Gefallen tun und es vor lauter Unvermögen fallen lassen. Und obwohl das kleine Ding quiekt und strampelt und in meinen Armen immer weiter nach unten rutscht, schaffen wir zwei es bis zum Anhänger.

Runde zwei klappt auch. Puh.

»Jetzt brauch ich dich bei den Kälbern«, höre ich Markus schon rufen.

Ich wende mich an Yves und erfahre, dass die Kälber nun zum ersten Mal in ihrem Leben ein Halfter angezogen bekommen sollen, damit wir sie auf den Viehtransporter führen können.

›Aha. Okay. Und was bedeutet das genau?‹

Da hat Markus den fünfen schon die Halfter angelegt und drückt mir das Seil von Nummer 1 in die Hand.

»Jetzt gehst du mit ihm raus auf die Weide und gewöhnst es an das Seil.«

›Äh, klar, kein Problem!‹

Und schon springt das Kälbchen mit mir davon. Ich stolpere hinterher und konzentriere mich voll und ganz darauf, nicht loszulassen, denn sonst würde es vor lauter Aufregung und Bewegungsdrang wohl durch alle Zäune laufen und ganz nebenbei auch noch Strom kennenlernen. Auf der Weide angekommen, versuche ich, meine Fersen in die Erde zu rammen. Schließlich gelingt es mir, stehen zu bleiben und das Kälbchen dazu zu bringen, es etwas gemütlicher angehen zu lassen. Als Yves mit dem nächsten hinzukommt, geht es mit den Bocksprüngen meines Kälbchens wieder von vorn los. Die zwei können ihr Glück wahrscheinlich kaum fassen. Das ist also das eigentliche Leben! Wiese, frisches Gras und ein endloser Himmel voll frischer Luft. »Ja, meine Süße«, raune ich meinem Kälbchen ins Ohr, »so wird es ab heute jeden Tag sein. Einen ganzen Sommer lang!«

Mit den Abholungen der Tiere wird es auf dem Hof immer stiller. Peu à peu hält das Leben Auszug. Hätte ich vorhin nicht eigenhändig den Mist zum Miststock gekarrt, würden mich die Leere und die Sauberkeit glauben machen, dass hier schon lang kein Vieh mehr war.

Und dann geht alles ganz schnell. Als alle Tiere zur Alp unterwegs sind, fahren auch wir zur Salzmatt. Pünktlich zum Zvieri, dem Nachmittagskaffee, sind wir oben, wo uns die Kinder schon erwarten. Wir laden die Autos aus, melken und sitzen mit roten Wangen und müden Augen am Abendbrottisch.

Kurz bevor mir die Augen zufallen, schreibe ich noch in mein Tagebuch: *Mein Interesse am Rest der Welt lässt ganz schnell nach.*

Der erste Tag

In meiner ersten Nacht auf der Salzmatt auf 1.640 Metern träume ich nichts. Die Müdigkeit hat mich einfach umgehauen und mit sich gerissen, aller Aufregung und Ungewissheit zum Trotz. Als um kurz vor halb sechs der Wecker klingelt, springe ich förmlich aus dem Bett und in meine Stallklamotten. Ich möchte alles richtig machen und Vertrauen wecken. Ich möchte, dass die Familie so schnell wie möglich spürt, dass sie sich auf mich verlassen kann. Wenn ich an die viele Arbeit bei Bauer Arnold denke, an Arbeit, die aus der Natur der Sache heraus einfach nie zu Ende geht, keinen Sonntag und keinen Heiligabend kennt, dann spüre ich die Belastung, die dahintersteckt. Ganz abgesehen von der Zufriedenheit auf der anderen Seite der Medaille, die diese Art zu leben ausmacht.

»Die Alp, das geht nur zusammen«, wird Stefanie etwas später im Sommer zu mir sagen. Und: »Es ist ein Geben und Nehmen. Immer.«

Heute ist Stefanie noch einmal für mich da, um mich beim Melken und danach beim Melkgeschirrwaschen zu begleiten. Es ist, wie es ist, die Handgriffe im Ziegenstall sitzen einfach noch nicht. Aber ich verstehe immerhin das System und lerne, was wo ist.

Zunächst gebe ich den 17 Milchziegen, dem Böckli und den zwei Gitzis, unseren Zicklein, Heu zum Frühstück. Während sie zuerst in Ruhe, dann im Futterneidstreit fressen, kehre ich den Mist unter ihnen weg. So bereite ich mir einen sauberen »Arbeitsplatz« fürs Melken. Jetzt schickt Stefanie mich ins Gänterli, um die Melkmaschine anzustellen. ›Hmm, es ist nicht nur alles fremd für mich, es heißt auch alles so komisch. Wo war das nochmal, das Gänterli – und was ist das eigentlich?‹ Stefanie hilft mir. Sie geht voraus und öffnet die Tür zu einem Verschlag, der direkt über dem Ziegenstall liegt. Darin ist es so niedrig, dass wir nur die Nase durch die Tür stecken. Links hängt der Motor der Ziegenmelkmaschine, rechts der für die Kühe. Stefanie zeigt mir, wie man mit der Hand den Starthebel erreicht, ohne in das kleine Räumchen hineingehen zu müssen. Die Ziegenmaschine läuft, es kann losgehen!

Ich beginne hinten im Stall und arbeite mich in Richtung Tür vor. Jeweils zwei Ziegen kann ich gleichzeitig melken. Nach etwa der Hälfte, also nach acht oder neun Ziegen, muss ich die Milch in die Chessl, die Eimer, schütten, die wir draußen vor dem Stall bereitgestellt haben, und in die Chuchi, die Küche, bringen. Hier hat Stefanie schon das Feuer angeschürt. Als ich mit der letzten Ladung Milch in die Küche komme, gibt Stefanie Lab und Kultur in das Chessi, den großen Topf auf dem Feuerherd. Das Ganze muss auf seinem Weg von Ziegenmilch zu Ziegenkäse nun eine Stunde lang ruhen – Zeit, noch einmal das Melkgeschirrwaschen zu üben.

Das Melkgeschirr wird auf einer Bank vor der Hütte gereinigt, gleich neben dem Gänterli. Von hier aus schaut man in das Tal hinab, durch das die Straße von unten heraufführt, der Morgensonne entgegen. Mein Blick bleibt auf Stefanies Fingern, die mir die Handgriffe vormachen, haften. Stefanie stößt sich nicht, klemmt sich nicht, und ihr fällt auch nichts herunter. Jetzt bin ich, die vor der Routine im Büro geflüchtet ist, neidisch auf die ruhigen, einstudierten Abläufe. »Keine Sorge, bis jetzt hat das noch jeder schnell gelernt«, ermutigt Stefanie mich und drückt mir die Bürste in die Hand.

Im Grunde ist es ganz einfach: Alles wird dreifach gewaschen beziehungsweise gespült. Es gibt eine Vorwäsche, die Hauptwäsche und das Nachspülen, es gibt eine Schmutzbürste und eine saubere Bürste. Solange am Ende alles dreifach gereinigt wurde und die Schmutzbürste nur bei der Vorwäsche und nur äußerlich zum Einsatz gekommen ist, ist grundsätzlich alles gut. Aber der Teufel steckt ja bekanntlich im Detail, und ich muss parallel die Dinge, die von Hand gewaschen, und die Dinge, die an der Pumpe der Melkmaschine automatisch gespült werden, im Blick haben.

Los geht es mit der Vorwäsche der zwei Melkkessel der Kühe und dem Melkkessel der Ziegen. Mit der Schmutzbürste befreie ich sie von Mist- und Strohresten aus dem Stall. Währenddessen hängt schon das Kuhmelkzeug an der Pumpe und wird zehn Minuten lang alkalisch durchgespült. Als Nächstes befestige ich das Ziegenmelkzeug an der Pumpe und wasche die Melkkessel, die Milchkessel und die Filter, jetzt mit der sauberen Bürste. Ich blicke und seufze kurz auf, als Markus mir die fünf Milchkannen bringt, die er in der Alpkäserei geleert hat. Ich versuche, mich von der neu hinzugekommenen Arbeit und dem Durcheinander aus Kannen und Kesseln nicht aus dem Konzept bringen zu lassen.

Stefanie kommt mit einem Eimer Wasser aus der Küche und erklärt mir: »Jetzt spülst du zuerst das Kuhzeug fünf Minuten lang klar durch und dann das Ziegenzeug. Danach bringe ich dir heißes Wasser, um alles abzukochen.«

Während ich noch darüber nachdenke, was das zu bedeuten hat, bücke ich mich über die erste Milchkanne, die auf dem Boden steht, und spüle sie vor. Verbunden mit einer kleinen Kniebeuge hebe ich die Kanne, die leer schon immerhin fünf Kilo wiegt, hoch, stülpe sie um und fülle das Waschwasser in die nächste Kanne. Mit der letzten vorgewaschenen Kanne überquere ich den Vorplatz und schütte das milchige Wasser kurzerhand auf die Kälberweide. Danach wasche ich die fünf Kannen mit der sauberen Bürste. Am Ende kommt der anstrengendste Part: Ich gieße ein paar Liter kochend heißes Wasser in die erste Milchkanne und schüttle und schwenke sie zu allen Seiten. Damit habe ich rund zehn Kilo vor meiner Brust und die stete Gefahr, mich zu verbrennen. Wenn mich jetzt einer fragen würde, was ich mir zum Geburtstag wünschte, dann wäre es, dass mir jemand das Waschen der Milchkannen abnimmt. So anstrengend kommt mir das gerade vor. Als ich den kompletten Waschgang nach fast anderthalb Stunden endlich geschafft habe und das Melkgeschirr blitzend und blinkend zum Trocknen vor der Hütte hängt, gehe ich zufrieden und hungrig zum Zmoorge.

Nach dem Frühstück zeigen die Buben mir, was bei den Ziegen zu tun ist. Wir gehen in den Stall, schließen die Tür und machen die Ziegen los. Wir fangen bei den kleinen Gitzis an, damit sie ausbüxen oder sich wehren können, falls die großen Ziegen sie ärgern.

Auch wenn die Ziegen erst gestern auf die Alp gekommen sind, wissen sie genau, was jetzt passiert, und stehen auf, sobald wir den Stall betreten. Wer losgemacht wurde, quetscht sich zwischen den Nachbarinnen durch und durchsucht die Futterkrippen auf übrig gebliebenes Kraftfutter – oder positioniert sich schon vor der Tür, um als Erste an die frische Luft zu kommen. Als alle losgebunden sind, schiebt Yves sich vor die wartenden Ziegen, öffnet die Tür und läuft laut rufend vor ihnen her: »Chum-sa-sa-sa-sa, chum-sa-sa-sa-sa, chum, Mutta, chum.« Sein Bruder Pascal scheucht die Gitzis, die das Prozedere noch nicht kennen und den Anschluss zu verlieren drohen, hinterher. Yves führt die Ziegen zu den Kühen in Richtung Galutzi-Weide und überlässt sie dann sich selbst. Sie werden frei über die Alp ziehen, wohin ihnen der Sinn steht, und sich in aller Regel abends pünktlich zum Melken wieder beim Stall einfinden.

»Warum hast du die Ziegen zu den Kühen gelotst?«, möchte ich von Yves wissen.

»Pappi will sie hier im Frühjahr zuerst haben«, erklärt Yves.

»Ja, aber warum?«, hake ich nach.

»Sie haben sich gern«, antwortet Yves.

Wenn doch alles so einfach wäre!

Wir trotten zurück in Richtung Stall.

»Und was steht jetzt an?«, erkundige ich mich.

»Jetzt müssen wir ausmisten«, klärt Yves mich auf, und das ergibt auf Anhieb Sinn.

Aber so unkompliziert, wie es klingt, ist es nicht. Auf mich warten mehrere Arbeitsschritte, mehrere Arbeitsgeräte, die niedrige Deckenhöhe und Fugen und Kanten im alten Holzboden, die den Schmutz nicht so leicht hergeben.

Zuerst fegen wir feuchtes Stroh und Mist grob mit dem Besen in den Stallgang. Immer wieder stoße ich dabei mit dem Besenstiel gegen die niedrige Stalldecke oder gegen die Rohre der Melkanlage. Dann kratzen wir festgedrückte

Ziegenbohnen mit einer Kunststoffschaufel ab und schieben auch die in den Mittelgang. Jetzt die Ggaretta, die Schubkarre, hereingeholt und alles aufgeladen. Zum Schluss fege ich noch einmal kräftig den Kleinkram hinunter, und wir laden auch den Rest auf die Schubkarre. Über Tag kann der Stall nun trocknen. Frisches Stroh werde ich erst am Nachmittag streuen, kurz bevor die Ziegen zum Melken in den Stall kommen. Die volle Schubkarre fahre ich zum Miststock hinter der Hütte. Die betonierte Fläche ist jungfräulich leer, und so kann ich den Mist einfach achtlos auskippen.

Zum Znüüni, dem zweiten Frühstück, haben wir Besuch bekommen: Der Bergmeister, der für die Verteilung der Rinder auf die Alpen zuständig ist, begrüßt uns zur neuen Alpsaison und will mit Markus besprechen, wann die 120 Rinder nach oben kommen. Mit einem warmen Lächeln blickt er mich neugierig an. ›Soso, eine Deutsche‹, scheint er zu denken und gespannt darauf zu sein, ob es gut werden wird mit mir auf der Salzmatt. Dass Familie Aeby vor ein paar Jahren mit einer Landsmännin von mir keine guten Erfahrungen gemacht hat, habe ich schon mitbekommen.

Die Rinder anderer Bauern zu sömmern, ist der eigentliche Geschäftszweck von Jungviehalpen wie der Salzmatt. Grob rechnet der Bergmeister mit im Durchschnitt einem Hektar Alpweide pro Rind. Die Bauern geben ihre Rinder für den Sommer – pi mal Daumen für hundert Tage – ab und schlagen so zwei Fliegen mit einer Klappe: Einerseits sparen sie im Tal Futter und können für den Winter umso mehr Heu einbringen, und andererseits wirkt sich die Sommerfrische in den Bergen positiv auf die Gesundheit der Tiere aus. Mit bis zu hundert Pflanzenarten ist der Speiseplan der Tiere auf den Alpweiden wesentlich umfangreicher als auf den Talwiesen, die Alpenkräuter haben besonders wertvolle ungesättigte

Fettsäuren, und bei ihren Streifzügen durch das steile Gelände trainieren die Rinder sich ordentlich Muskeln an. Viele Rinder werden trächtig und als zukünftige Milchkühe zu uns kommen, manche sollen den Sommer über noch besamt werden, und wieder andere werden gemästet und nur recht kurz leben.

Bevor die Rinder kommen können, müssen wir mit der Vorbereitung der ersten Weiden und der Ställe fertig sein. Die Zäune sind zu bauen, die Tränken auf den Weiden aufzustellen, die Ställe auszuräumen und mit einem Anbindeseil an jedem Platz zu versehen. Aber auch Mutter Natur muss für die Tiere bereit sein. Hier oben, wo die Vegetationszeit deutlich kürzer als im Tal ist, der Frühling später und der Herbst früher kommt, muss der Hirt sorgsam mit den Böden umgehen, damit es für alle reicht, auch in den folgenden Jahren. Zum Beispiel dürfen im Herbst die Weiden nicht zu tief abgefressen werden, damit die Pflanzen genügend Nährstoffe für das Austreiben im nächsten Frühjahr speichern. Oder es ist wichtig, das Alpgebiet in verschiedene Weiden einzuteilen, die je nach Pflanzenbestand, Lichteinfall, Höhenlage und Geländeform nacheinander beweidet werden können. All das und viel mehr werde ich im Laufe des Sommers von Markus lernen.

Schweigend sitze ich auf meinem Fensterplatz in der Küche. Stefanie bemüht sich, mich an der Unterhaltung mit dem Bergmeister teilhaben zu lassen. »Hast du's verstanden?«, erkundigt sie sich immer wieder rührend, und mir bleibt nichts anderes übrig, als den Kopf zu schütteln und ihre Übersetzung abzuwarten. Mir wird klar, dass ich es seit vielen Jahren nicht mehr erlebt habe, mich so richtig fremd zu fühlen. Aber anders als bei den Schüleraustauschen in England und Frankreich, wo ich damals weder etwas verstehen noch etwas äußern konnte, kann ich mich hier wenigstens auf Hochdeutsch verständlich machen. Doch es bleibt abzuwarten, ob es mir im Laufe des Sommers gelingen wird, an den Unterhaltungen der Einheimischen teilzuhaben. Fürs Erste rauschen mir die Ohren und der Kopf.

Nach dem Mittagessen, dem Zmittaag, gehen Markus, sein Freund Peter, der immer mal wieder auf der Salzmatt mit anpackt, und ich zum Zäunen in den Ritz, die höchste Weide der Salzmatt, die bis auf rund 1.900 Meter hinaufreicht und damit etwa 260 Meter oberhalb der Hütte liegt. Peter schreitet weit aus. Mit seiner stattlichen Statur und der ordentlichen Portion Muskeln, den Vorschlaghammer lässig auf der Schulter, gibt er ein imposantes Bild ab. Höhenmeter für Höhenmeter rammt er Zaunpfahl um Zaunpfahl in den Boden und unterhält sich dabei mit Markus, ohne auch nur einmal nach Luft zu schnappen. Ich komme kaum hinterher, geschweige denn kann ich mich an der Unterhaltung beteiligen.

So versinke ich in meine Arbeit: Ich bin dafür zuständig, die Stacheldrähte, die Markus spannt, an den Zaunpfählen zu fixieren. An den steileren Passagen verlaufen drei Drähte, sonst zwei. Was ich zum Arbeiten brauche, habe ich in der olivgrünen Tasche, die schräg über meinem Oberkörper hängt, dabei: ein paar Hundert Hefte oder Agraffa (Krampen), einen Hammer und eine Zange.

Kurz bevor Peter vorausgeht und die Zaunpfähle einschlägt, versorgt er mich mit einem wichtigen Tipp: »Die Hefte musst du schräg einschlagen, schau, so. Denn siehst du hier die Holzfaser, die gerade von oben nach unten verläuft? Die Spitzen der Hefte müssen in unterschiedlichen Fasern stecken, sonst finden sie keinen Halt und fallen schnell wieder heraus«, erklärt Peter mir.

Gesagt, getan. In der Konzentration auf meine neue Aufgabe gehe ich auf. Es ist kühl und trocken. Still arbeite ich vor mich hin. Zwischendurch hebe ich immer wieder den Blick und lasse ihn über die Landschaft schweifen, die auf den Bergfrühling wartet. Manchmal hat Markus den Draht so fest gespannt, dass ich mich mit meinem ganzen Gewicht dagegenlehnen muss, um ihn am Zaunpfahl festnageln zu können. Die Stacheln drücken durch meine Hose und mein Hemd, nur durch den Stoff der Tasche kommen sie nicht durch. Als ich das begreife, nutze ich kurzerhand die Tasche als Puffer zwischen dem Stacheldrahtzaun und meinem Körper. So geht es jetzt besser.

An manchen Stellen muss ich einfach vertrauen: Da stehe ich nur auf Zehenspitzen auf kleinen Felsvorsprüngen oder Erdbrocken und muss mich irgendwie schräg am Abgrund entlang über den Draht lehnen, um das Heft einschlagen zu können. Aber Peter wird die Schwüre, die Zaunpfähle, schon fest in den Boden gerammt haben – und hoffentlich keine faulen.

Stetig geht es den Ritz hinauf. Der Zaun, den wir bauen, verläuft parallel zu einer Abbruchkante. Würde ein Tier hier keinen Halt finden, wäre sein Sturz den Abhang hinab tief, schnell und haltlos. Hinab, das ist in Richtung Seeli, einem kleinen, natürlichen See auf einer tieferen Weide nahe des Seelihuses. Wenn ich ehrlich bin, sind mir die Örtlichkeiten und Zusammenhänge aber noch nicht klar. Ich muss mich so auf meine jeweilige Aufgabe konzentrieren, dass mein Blick auf das große Ganze noch nicht frei ist. Welche Tiere wann wo weiden sollen, wo genau die Weiden verlaufen, ob wir gerade etwas einzäunen oder etwas auszäunen, das erschließt sich mir noch nicht. Ich verstehe auch nicht, warum die Zäune nicht einfach über den Winter stehen bleiben können und warum man sich jedes Frühjahr aufs Neue so abrackert. So versuche ich einfach das, was ich gerade erledigen soll, gut zu machen. Dass ich Fragen stellen werde, die sich nach nur wenigen Tagen auf der Alp selbst für meine eigenen Ohren schlichtweg doof anhören, gehört wohl dazu. Zum Beispiel, warum die Weiden von so vielen parallelen Furchen durchzogen sind. Die Weiden sehen nämlich fast aus wie Acker, die auf die Aussaat warten. Markus scheint es gewohnt zu sein, dass sich Zugereiste wie ich die einfachsten Dinge nicht herleiten können, und er wird mir geduldig erklären, dass es sich um Rindertritte handelt, entstanden über die Jahrzehnte und Jahrhunderte, in denen die Tiere in den Sommern hier oben ihre Bahnen ziehen.

Kein Mensch hat erwartet, dass ich vom ersten Tag an alles weiß, alles kenne und alles verstehe. Ich bin auch nicht die erste Angestellte, für die Markus und Stefanie sich entschieden haben, die weder aus der Landwirtschaft kommt noch Alperfahrung mitbringt. Alles hier hat seinen Platz, und ich habe die Möglichkeit, meinen zu finden. Sonst wäre ich jetzt nicht hier. Das Mantra bringt mich den Berg hinauf.

Als sich die Ritz-Expedition ihrem Ende entgegenneigt, sehe ich schon von weit oben auf der gegenüberliegenden Alpseite eine Ansammlung weißer Punkte, die sich an die Hütte heranpirscht: die Giis! Noch fressen die Ziegen, aber ihre innere Uhr scheint ihnen zu sagen, dass sie sich jetzt besser langsam nach Hause aufmachen sollten. Wir kommen etwa zeitgleich bei der Hütte an, und so kann ich die Geißen gleich in den Stall lassen. Zuerst treibe ich alle hinein, dann schließe ich die Tür, um eine nach der anderen an ihrem Platz anzubinden. Jetzt muss ich wieder an die kleinen Gitzis denken, erinnere mich selbst: ›Morgens als Erste loslassen, abends als Letzte festmachen, damit ihnen nichts passiert.‹ Ich komme mir wie eine Mama vor, die für ihre Kleinen sorgt. Hier im Ziegenstall ist aber auch alles so winzig und putzig wie bei den sieben Zwergen, dass es einem das Herz anrührt.

Es ist gar nicht so leicht, die Ziegen zu bändigen. Nach ihrem ersten Tag in großer Freiheit kommen sie mir aufgekratzt vor. Ja, sie wollen in den Stall, sie kennen es ja aus den Vorjahren und wissen, dass es gleich leckeres Kraftfutter gibt. Aber sie haben sich noch so viel zu erzählen, inspizieren den Stall und sind sich auch noch nicht sicher, an welchen Platz sie gehören. Während die eine oder andere aber tatsächlich ihre »Parklücke« aus dem letzten Sommer wiedererkennt und gezielt ansteuert, laufen andere aufgeregt hin und her, und wieder andere stellen sich einfach stoisch irgendwohin, felsenfest davon überzeugt, hier richtig zu sein.

Jetzt kann ich etwas üben, von dem mir noch gar nicht klar ist, dass es auch mit den 120 Rindern auf mich zukommen wird: Tiere, die ich nicht kenne und die für mich alle gleich aussehen, am Halsband zu nehmen, ihre Ohrmarke abzulesen, die Stallwände nach der passenden, mit Kreide aufgezeichneten Ohrmarkennummer abzuscannen und dann das Tier dorthin zu führen und anzubinden.

Zuerst kümmere ich mich um die Ziegen, die sich in eine »Parklücke« gestellt haben. Wenigstens ein paar von ihnen stehen einigermaßen richtig – danke! – und ich kann sie festmachen. Dann steuere ich die an, die mir optisch auffallen: Es gibt eine schwarze Ziege, eine, die wie eine Gämse aussieht, und eine braune. Mal führe ich die Ziegen am Halsband, mal schiebe ich sie mit den Oberschenkeln an ihren Platz. Als auch die Letzten angebunden sind, lasse ich den Blick über die Kreidenummern schweifen. Ich muss mir die Nummern einprägen, nehme ich mir vor. Ich kann ja nicht jedes Mal eine Viertelstunde brauchen, nur um Ordnung in den Ziegenstall zu bringen. Und während ich nach dem An-binde-Tohuwabohu zur Ruhe komme, wird es auch im Stall leise. Erwartungsvoll blicken mich 34 Ziegenaugen an. Nur die Gitzis und das Böckli sind müde und haben sich hingelegt. Als ich zur Tür gehe, erklingt ein buntes Gemecker. »Ist ja gut, ich komme gleich«, nehme ich ihre Bestellung entgegen und mache mich auf, das Kraftfutter zu holen.

Das Zäunen war genial. Allein drauflosarbeiten, die Gedanken schweifen lassen, und der Kopf ist auch mal ganz leer, schreibe ich am Abend in mein Tagebuch. Und zuletzt: *Das Büro wirkt nicht nur weit weg, sondern auch unwirklich und absurd.* Wenn das schon der erste Tag auf der Alp bewirkt hat, dann bin ich hier bestimmt richtig.

Neuland

Der erste Tag ist geschafft. Ein Tag, eintausend Eindrücke. Ich bin gespannt, wie es weitergeht. An oberster Stelle steht für mich, möglichst bald alles kennenzulernen, die Arbeiten und das Gelände. Davon verspreche ich mir anzukommen, mich heimisch zu fühlen und sicher in dem, was ich hier tue, zu werden.

In den nächsten Tagen bereiten Markus und ich die Weiden für die Anreise der Gguschteni, der Rinder, vor. Dabei geht die meiste Zeit fürs Zäunen drauf. Kilometer für Kilometer bauen wir zumeist Stacheldraht-, manchmal auch Stromzäune auf. Dabei lerne ich das Gebiet der Salzmatt kennen und erfahre von Markus auch einiges über die Nachbaralpen.

Am schwersten fällt es mir, die hölzernen Zaunpfähle den Berg hinaufzuschleppen. Fünf, allerhöchstens sechs Stück kann ich auf einmal nehmen, Markus hingegen mehr als doppelt so viele. Einen legt er sich quer über die Schultern und dann die anderen irgendwie darüber. Mit der freien Hand kann er so jeweils einen herunternehmen, ihn zwei, drei Meter weit als Gehstock benutzen und ihn in das nächste Bodenloch stecken.

Mit der Zeit erkenne ich Muster. Eines funktioniert so: Ich suche den Boden dort, wo der Zaun verlaufen soll, nach Zaunpfählen ab, die im vergangenen Herbst aus dem Boden gezogen und über den Winter an sicheren Stellen deponiert worden sind, und positioniere die, die ich wiederfinde und die für eine weitere Alpsaison noch stabil genug sind, in die Bodenlöcher aus den letzten Jahren. Sind Zaunpfähle vom Schnee zerdrückt worden und zerbrochen, hole ich aus dem nächsten Depot – einer Bodensenke oder einer Kuhle unter einem Felsvorsprung – neue. Markus folgt mir von Schwüre zu Schwüre, schlägt sie mit dem Schlegu ein und spannt den Stacheldraht, damit ich wiederum die Hefte einschlagen kann. Manchmal liegen die Stacheldrähte auf der Weide bereit, versunken in altem und neuem Gras. Andernorts ist der Draht im Herbst zu einer Rolle aufgewickelt worden und muss nun an den Schwüren entlang wieder abgerollt werden. Zum Glück hat Stefanie mir Arbeitshandschuhe mitgegeben.

Je häufiger wir zäunen gehen, desto mehr mag ich diese Arbeit. Mit zunehmender Übung kann ich mich in die Handgriffe hineinfallen lassen. Kann abtauchen, meinen Gedanken nachhängen. Ich habe mittlerweile auch verstanden, dass die Schneewehen des Winters die Zäune zerstören würden und sie daher im Herbst abgebaut werden. Über manche Weideabschnitte verlaufen zudem Skipisten, und über die fährt es sich zaunlos natürlich besser.

Obwohl ich keuche und schwitze, hämmere und schleppe, umarmt mich eine große Ruhe. Wenn ich kurz aufblicke und mithilfe meines Knies oder meiner Hüfte die Höhe des festzunagelnden Drahtes verorte, passiert das inzwischen ganz automatisch nebenbei. Nur wenn Markus mir etwas zuruft oder ich vor einer Herausforderung stehe, zum Beispiel der zu verstehen, was Markus gerade gemeint haben könnte, oder der, wo ich jetzt, mitten am Berg, neue Hefte herbekomme, wenn mir meine ausgehen, zuckt es kurz in meinem Kopf. Davor und danach fließt alles ruhig. Gedankenverloren könnte man wohl sagen, oder gedankenvoll, je nachdem, aber auf jeden Fall leise, ganz leise, wie ein kleiner Bach.

Diese Woche müssen auch die Brunnen auf die Weiden, damit die Tiere zu saufen haben. Die schmalen, langen Tröge aus Edelstahl sind schwer wie Blei. Markus fährt mit dem Transporter rückwärts an den mittleren Seelihus-Stall, in dem die Brunnen überwintert haben, heran. Zu dritt wuchten Markus, Stefanie und ich die Tränken aus dem Stall heraus und auf die Ladefläche. Obendrauf packen wir noch einen grünen Kunststofftrog. Ich hocke mich in einen der Brunnen auf der Ladefläche und ergebe mich dem, was kommt: einer schaukelnden Fahrt zunächst über die Straße, dann über den beschlaglochten Wanderweg in Richtung Schwarzsee bis zu den gefassten Quellen. Nur die ersten Fahrsekunden sitze ich auf dem Po. Schnell klettere ich in die Hocke, um die Schläge abzufedern.

Am ersten Brunnenstellplatz angekommen, richtet Markus Holzblöcke aus, dann heben wir den Brunnen darauf. Aber das Gefälle stimmt noch nicht. Markus ruckelt weiter an den Hölzern, bis es passt. Jetzt spannt er einen Stacheldraht über die gesamte Länge des Trogs, ungefähr einen halben Meter über der oberen Kante. Verwundert erkundige ich mich nach dem Sinn seines Tuns. »So spielen die Rinder nicht mit dem Brunnen. Sie würden sich sonst an ihm reiben und ihn dadurch verschieben oder umstürzen«, erklärt Markus mir. Danach umzäunt er den Brunnen von hinten. »Das mache ich, damit die Tiere die Quellfassung nicht beschädigen oder verschmutzen«, macht Markus mich schlauer.

Stefanie kennt alle Handgriffe in- und auswendig und reicht Markus mal den Schlegu, mal Schwüre, mal die Zange. Zum Schluss befestigt Markus das Wasserrohr, das aus dem Berg kommt, mit einem Seil am Brunnen. »Damit die Rinder nicht daran schlecken oder knabbern?«, blicke ich meine beiden Chefs fragend an, was sie nickend bejahen. Ich schöpfe Hoffnung.

Nun bleibt noch die Vorbereitung der Ställe. Zur Salzmatt gehören die Ställe an der Hütte selbst: der Kuhstall mit neun Plätzen für Kühe, ein kleiner Stall für je eine Handvoll Kälber und Schweine, der Ziegenstall und ein Rinderstall für 29 Tiere.

Auf praktisch derselben Seehöhe, fünfhundert Meter Luftlinie von der Salzmatt-Hütte entfernt auf der anderen Seite des Passes, liegt das Seelihus. Früher war es unter dem Namen Geissalp eine eigenständige Alp. Als Markus mir das riesige Gebäude zum ersten Mal zeigt, verschlägt es mir schlichtweg die Sprache, so überwältigt bin ich von dem Schatz, der sich vor mir auftut. Der Boden der alten Küche ist mit unbehauenen Steinen ausgelegt, wie in einer alten Ritterburg! Ein gewaltiger Kamin, an der tiefsten Stelle bestimmt zwei Meter breit und mehrere Meter hoch, dominiert den Raum, der auf der Sonnenseite absichtlich nur mit einem kleinen Fenster gestaltet worden ist. In einer Ecke steht noch ein alter, hölzerner Käsetisch, leicht schräg und mit umlaufender Rinne, damit die Molke abfließen kann.

Eine Etage höher, auf der Heubühne, offenbart sich mir die ganze Größe des Seelihuses. Was die Zimmerleute von damals hier auf die Beine gestellt haben – und das in einer reinen Holzkonstruktion –, ist schlichtweg beeindruckend. Was für unermessliche Kostbarkeiten müssen ringsum in den Bergen schlummern, was für architektonische und kulturelle Schätze! Heute, seit 1967, gehört das Gebiet der Salzmatt der armasuisse, dem Bundesamt für Rüstung, die es an die Viehzucht- und Alpgenossenschaft Schmitten verpachtet hat, die ihrerseits Markus als Hirten anstellt – und ich bin als Markus' Angestellte das letzte Glied der Kette. Warum die armasuisse Alpen wie die Salzmatt ihr Eigen nennt? Um hier zur schönsten Jahreszeit, während der Alpsaison von Juni bis September, Schießübungen durchzuführen. Ja, hier wird quasi inmitten eines typisch Schweizer Nationalheiligtums – Berggipfel, Kuhglocken, Alpenrosen –, einem Urlaubsgebiet noch dazu und obendrein in der Hauptsaison, herumgeballert. Für mich ist das ein Spektakel ohnegleichen.

In den größten Stall im Seelihus passen 57 Rinder, in den mittleren zwanzig und in den kleinen etwa 14. Mit Kreide ziehe ich die Nummern an den Stellplätzen der Rinder nach.

»Aber wir kennen doch jetzt noch gar nicht die Ohrmarkennummern der Tiere. Wieso stehen schon Nummern an der Wand und wieso soll ich diese nachziehen?«, frage ich Markus.

»Eine gute Frage, Kathi. Die Rinder bekommen von uns unabhängig von ihren Ohrenmarkennummern nochmal eigene Nummern. Die befestigen wir am Halsband der Glocke. Im großen Stall vergeben wir die Nummern eins bis 57, im mittelgroßen Stall die Nummern eins bis zwanzig und im kleinen Stall die Nummern eins bis 14«, führt Markus aus.

»Aber wie können wir dann die Nummer eins aus dem einen und die Nummer eins aus dem anderen Stall auseinanderhalten?«, bohre ich nach.

»Jeder Stall hat seine eigene Nummernschildfarbe. Hier im großen Stall zum Beispiel sind die Schilder rot. Und noch etwas«, Markus holt kurz Luft. »Wir platzieren die Rinder eines Bauern immer nebeneinander, sodass sie sich etwas heimisch fühlen. Wenn ein Bauer beispielsweise acht Rinder bringt, bekommen seine Rinder die Plätze eins bis acht.«

Zuletzt versehe ich jeden Stellplatz mit einem Anbindeseil. Dafür schiebe ich das mit einer Schlaufe geknüpfte Seil durch ein Loch in der Futterkrippe, wickle die Schlaufe zweimal um ein Stöckchen herum und stülpe die Schlaufe dann über das eine Ende des Stöckchens, um es im Seil zu fixieren. Wenn das Seil sich schön ordentlich und parallel um das Hölzchen windet, habe ich alles richtig gemacht und kann das Seil straff ziehen, indem ich mein Gewicht in das Seil lege, sodass das Holz sich vor dem Loch in der Futterkrippe querstellt. Bin ich mit einem Seil fertig, lege ich die langen Enden in die Krippe hinein, damit sie nicht zertrampelt, verknotet oder vollgeschissen werden, wenn wir die Rinder in den Stall treiben. Außerdem sind sie dort für uns griffbereit, wenn wir die Tiere anbinden wollen.

Fast am untersten Zipfel des Salzmatt-Gebiets auf etwa 1.485 Metern befindet sich ein weiterer Stall, das Hüttli, mit Platz für 24 Rinder. Der Abstieg dorthin bleibt mir vorerst erspart, denn Markus will sich dort unten um die Vorbereitungen kümmern.

Die Tage bis zur Anreise der Rinder fliegen nur so dahin. Und es ist noch so viel zu tun! Gleichzeitig sitzt Markus die Heuernte im Nacken: Er muss parallel zur Bewirtschaftung der Salzmatt auf seinem Hof im Tal das Heu einbringen.

Daher nimmt er mich im Kuhstall in die Lehre, damit ich auch bald die Kühe melken und ihn im Kuhstall vertreten kann. Gemeinsam treiben wir am Abend die neun in den Stall, als Markus mir zuruft: »Halt, Kathi, gnue!«

Ich war mir eigentlich ziemlich sicher, alles richtig zu machen. Tiere rein, Tür zu, anbinden. Aber Markus erklärt mir, dass die Kühe immer nur eine nach der anderen in den Stall gehen sollten und dass man die soeben Eingetretene sofort anbindet. Der Kuhstall ist einfach zu klein für Wende- und Umparkmanöver, wie sie im Ziegenstall an der Tages-ordnung sind. Oder die Kühe zu groß. Das jedenfalls stelle ich fest, als ich zum ersten Mal im Leben mit 750 Kilo auf Tuch-fühlung gehe und versuche, eine Kuh davon zu überzeugen, dass ich jetzt das Sagen habe. Drei Kühe binde ich an diesem Abend an. Wörter mit ä scheinen sie treffend zu beschreiben: gemächlich, mächtig, prächtig. Auf meine Füße passe ich ganz besonders gut auf.

Das Kühemelken ist völlig anders als das Ziegenmelken! Vor allem die Atmosphäre im Stall. Während es bei den Ziegen lautstark zugeht und im wahrsten Sinne des Wortes viel gemeckert wird, herrscht im Kuhstall eine ruhige, fast andächtige Stimmung – zumindest nachdem eine jede Kuhdame sich ihren Kraftfutteranteil erobert und diesen auf-geschleckt hat. Geduldig warten die Kühe, bis sie dran sind, und bewegen sich während des Zitzenputzens, Anmelkens und Melkens keinen Zentimeter von der Stelle. Auch legen sie sich erst hin, wenn der gesamte Stall gemolken ist und der Mensch den Stall wieder verlassen hat. Was für ein Kontrast zu den quirligen, zappeligen Ziegen!

Insgesamt ist alles natürlich auch eine Nummer größer: die Tiere, die Euter, die Milchmenge, die Melkkelche, und statt zwei müssen hier vier Zitzen versorgt werden. Es ist erstaunlich, wie die Zitzen beim Anmelken nach einer Weile versteifen und schließlich bereit sind, gemolken zu werden.

Am nächsten Morgen lasse ich nach dem Frühstück, um es zu üben, die Kühe aus dem Stall. Es geht ganz gut. Wir sind zwar noch keine Freundinnen, Sabine, Lotti, Spiegi, Leila, Amsla, Berna, Joia, Belinda, Wendi und ich. Amsla zum Beispiel guckt mich partout nicht an. Aber Berna hat mich schon von oben bis unten abgeschleckt und den Knopf meiner Bluse gefressen – das werte ich als gutes Zeichen. Zuerst lasse ich nur sieben raus und treibe sie in Richtung Galutzi. Die restlichen zwei packe ich auf die kleine Weide direkt vor dem Kuhstall, da sie heute noch besamt werden sollen.

Als es so weit ist und das silberne Auto von Swiss Genetics auf den Parkplatz fährt, hefte ich mich dem Besamer an die Fersen. Ich möchte unbedingt miterleben, wie das geht!

Während der Besamer die Unterlagen der Tiere prüft und den passenden Samen auswählt, hole ich die beiden Mädels in den Stall. Etwas aufmüpfig kommen sie mir vor, ein bisschen aufgedreht, aber auch irgendwie übellaunig. Ob wir einmal im Monat etwas gemeinsam haben? Ich treffe den Besamer – Besamungstechniker, so heißt es richtig – am Kofferraum seines Wagens wieder, wo er aus einem silbernen Ungetüm Tiefgefriersperma auf so etwas wie eine Riesenspritze aufzieht. Die steckt er sich in seinen Kittel, bevor er sich noch eine Flasche Gleitgel und Handschuhe, die bis über die Ellenbogen gehen, greift. Seine Begrüßung von Kuh Nummer eins fällt kurz aus. Aber dann streichelt er mit der linken Hand ihren Hintern mit beruhigenden Kreisbewegungen. Die rechte schiebt er währenddessen in die Kuh und die komische Riesenspritze gleich hinterher. Zum Schluss gibt es für die Kuh einen Klaps auf den Po und für mich die Handschuhe zur Entsorgung. Ich bin mir nicht sicher, wie ich das, was ich gerade erlebt habe, einordnen soll. Alles ist so schnell und so ruhig über die Bühne gegangen. Auch die Kühe schienen nicht überrascht, sondern ganz zufrieden mit dem Prozedere. Nur ich bleibe mit Fragezeichen zurück.

Am Abend darf ich von dem Lohn kosten, den ich auf der Salzmatt bekomme. Es sind die Momente, die aus dem Nichts heraus entstehen, Momente ohne Erwartung, ohne Planung und ohne Muss. Wie dieser Abend, an dem eine Dörflerin vorbeikommt, den Kofferraum öffnet, sich in die Ladeluke setzt und anfängt, auf dem Alphorn zu blasen. Mir wird heiß und kalt. Ich erlebe ein Déjà-vu und sehe mich selbst Alphorn spielen – in Stallklamotten vor wunderschöner Bergkulisse. »Das habe ich schon immer einmal machen wollen, wirklich schon immer«, strahle ich Stefanie, die sich in der Abendsonne zu uns gesellt, an. Gemeinsam genießen wir die Melodie des Augenblicks.

Jetzt wollen alle mal probieren, Yves zuerst, dann Pascal, Livia und schließlich ich. Es klappt für den Anfang gar nicht so schlecht, und jeder bekommt irgendwelche Töne heraus. Als die Besucherin das Instrument auseinandernimmt, kommt die nächste Überraschung: Sie schlägt uns vor, uns für den Sommer ein Alphorn auszuleihen.

Yves nickt heftig. »Ja, ja, uf jede Fal, auf jeden Fall! Merssi viuviumau, vielen vielen Dank!«, bedankt er sich eifrig, und die Dörflerin verspricht, es bei nächster Gelegenheit nach oben zu bringen.

Als sie wieder gefahren ist, frage ich Yves: »Ist das jetzt wirklich passiert? Haben wir gerade Alphorn gespielt und werden ein Alphorn bekommen?«

»Ja, schoo, ja, schon«, bestätigt er mir mit lachenden Sommersprossen im Gesicht.

Der Wahnsinn, die Rinder!

Es ist alles bereit. Beim Zmoorge reicht Markus mir einen Zehnerschlüssel über den Tisch.

»Damit machst du die Pläcklis, die Nummernschilder, am Halsband fest. Ich zeige dir nachher noch, wie das geht«, sagt Markus.

Ich nicke und kaue.

Markus sitzt auf heißen Kohlen. Mit einem Ohr lauscht er nach draußen auf den ersten Transporter. Und der kommt tatsächlich schon, noch während ich an meiner heißen Milch von Amsla nippe. Die Ladung ist für den Salzmatt-Stall gleich neben der Küche. Bis vor ein paar Tagen war der Stall noch eher ein Lager bis auf die wenigen Plätze gleich bei der hinteren Tür, die bereits von Markus' eigenen Rindern belegt sind. Jetzt werden die ersten fremden Gguschteni, die ersten Rinder anderer Bauern, einziehen. Markus geht nach draußen, um den Bauer zu begrüßen. Die meisten Bauern bringen ihre Tiere schon seit Jahren, wenn nicht sogar Jahrzehnten auf die Salzmatt. Manche haben den Betrieb und das Salzmatt-Sömmern von ihren Vätern übernommen, andere stehen kurz davor, bald selbst an die jüngere Generation weiterzureichen.

Vieles scheint unveränderlich zu sein und Jahr für Jahr und Sommer für Sommer seinem vorgezeichneten Weg zu folgen. Jedes Frühjahr die Wetter- und Schneediskussionen, die Frage, wann die Alpsaison beginnt und es nach oben geht. Jedes Frühjahr dieselben Vorbereitungsarbeiten draußen und drinnen, die Anrufe von Bauern mit Sonderwünschen, die ihr Vieh gern schon früher bringen möchten, die Frage, ob der Schnee schon weg und das Gras schon da sei. Aber eines hat sich über die Zeit ganz deutlich verändert: Die meisten Rinder, die den Sommer auf der Salzmatt verbringen, kommen heute aus modernen Laufställen. »Sie sind den Menschen kaum mehr gewohnt. Das wirst du schnell merken«, hat Markus mich vorgewarnt.

Bislang kenne ich ja nur seine lieben Tiere, bei denen ich mit ein bisschen gutem Zureden bis jetzt immer an mein Ziel gekommen bin. Das ändert sich schlagartig, als der Bauer und Markus das erste Rind in den Stall führen. Aber was heißt führen? Das Rind führt wohl eher seinen Bauern, und die beiden Männer müssen alles geben, um das Tier an seinen Platz zu bringen und anzubinden. Dafür muss man wissen, dass die Augen von Rindern viel länger brauchen, um sich an einen dunklen Raum zu gewöhnen, wenn sie von draußen hereinkommen, als das bei uns Menschen der Fall ist. Da wirst du als Rind halbblind in einen Stall geführt, der dazu auch noch fremd riecht und in dem du weit und breit das einzige Rindvieh bist. Da hätte ich wahrscheinlich auch Angst. Aber wenn ich einen Freund an meiner Seite wüsste, jemanden, den ich kenne und dem ich vertraue, würde es bestimmt leichter funktionieren.

So geht es den ganzen Tag, mal besser, mal schlechter. Mal nimmt ein Bauer sein Tier an der Glocke und führt es zu seinem Platz, mal führt das Tier den Bauern. Und so geht auch das Anschrauben der Nummernpläcklis mal so, mal so. »Pass auf, dass dir der Schlüssel nicht runterfällt, sonst hast du ein Problem«, hat Markus mir noch eingebläut. Natürlich passiert es trotzdem, und jetzt dämmert mir, was er gemeint haben könnte. Ich stehe eingeklemmt zwischen zwei Simmentaler Rindern. Sie haben Hörner. Ich nicht. Sie haben Hufe. Ich nicht. Sie bringen ein paar Hundert Kilo auf die Waage. Genau, ich nicht. Aber mein Schlüssel, der liegt irgendwo unter diesen Kilos, irgendwo zwischen den Hufen, und auf meinem Weg nach unten muss ich an den Hörnern vorbei. Ich halte die Luft an und strecke meine Arme nach vorne aus, um im Zweifelsfall sofort zu merken, wenn ein Horn auf mich zukommt. In Zeitlupentempo gehe ich in die Hocke. Auf dem Stallboden angekommen, taste ich mich zu dem Schlüssel vor, auf dem zum Glück gerade niemand steht, und erhebe mich genauso langsam wieder, wie ich abgetaucht war. Es ist nochmal gut gegangen.

Am Nachmittag halte ich beim Seelihus allein die Stellung, um die letzten Ankömmlinge in Empfang zu nehmen. Derweil steigt Markus mit zwei Bauern und ihren Tieren zum Hüttli ab: Diese 24 Rinder werden die ersten drei Wochen auf der untersten Weide bleiben. Ich lerne jetzt auch noch Holsteiner – das sind die schwarz-weißen Rinder, die mir von Milchtüten her bekannt vorkommen – kennen. Mit den Bauern komme ich gut ins Gespräch.

»Va Tütschland?«, fragt einer gleich als Erstes, dann: »Va wo da?« Und dann: »Wie hoch liegt Köln?«

Meine Antwort »Sechzig Meter« bringt die Konversation ins Stocken. Auch mit den eine Million Einwohnern, von denen ich erzähle, kommen wir nicht über nachdenkliche Stille hinaus. Aber vom Dom hat der Bauer schon gehört und natürlich vom Oktoberfest, aber da will er nicht hin und das ist ja auch in München.

Mir gefällt es, mich für ein paar Minuten mit den Bauern zu unterhalten. Arbeiten und Leben gehen Hand in Hand. Zuerst haben wir gemeinsam die Tiere eingestallt, dann plaudern wir ein bisschen, machen Späße, nähern uns an. Im Büro hätte ich schon längst ein schlechtes Gewissen gehabt oder sogar Angst davor, der Zeitverschwendung beschuldigt zu werden. Aber hier gehört es einfach dazu. Die Tage sind so streng und lang, da muss einfach zwischendurch Zeit zum Luftholen sein.

Die Bauern, die zuletzt mit ihren Tieren gekommen sind, fahren schließlich mit mir hinüber zur Salzmatt fürs Zvieri. Die Hütte ist bis auf den letzten Platz besetzt. Stefanie schenkt Kaffee aus und reicht Kuchen herum. Und noch etwas ist anders als sonst: Es klopft und trampelt, und manchmal höre ich ein tiefes Schnaufen, ein hohles Husten. Bis ich kapiere: Das sind die Rinder im Stall nebenan! So tönt es also, wenn Mensch und Tier Holzwand an Holzwand leben. So direkt, so schön! Es fühlt sich richtig heimelig an. Ur-heimelig. Ein bisschen so, wie wenn irgendwo ein Kaminfeuer angemacht wird. Und als wir hier Wand an Wand Pause machen, fühle ich mich mit den Tieren verbunden. Im Grunde wollen wir doch alle dasselbe: ein schönes Leben.

Zu meinem schönen Leben gehört als Nächstes, die Rinder, jetzt, da alle da sind, aus den Ställen zu lassen und dann auszumisten. Auf der Salzmatt genießen nur die Ziegen das Privileg, im Stall zu übernachten, weil sie hier vor Fuchs und Wolf ihre Ruhe haben und ungestört die Milch fürs Morgenmelken produzieren können. Die Kühe und die Rinder hingegen schlafen draußen, wobei sie aber nicht stundenlang schlafen wie wir Menschen, sondern mehr mit Fressen, Wiederkäuen, Futtersuche und Dösen beschäftigt sind.

Markus und ich fahren mit dem Jeepli, mehr Rostlaube als Fahrzeug, zum Seelihus. Wortlos spannt Markus Seile: eines quer über die Straße, eines vor den Platz hinter dem Stall und dann zwei, die einen Korridor vom Stallausgang zum Weideeingang bilden.

»Wir fangen mit dem großen Stall an«, erklärt Markus mir. »Wir machen die Rinder von hinten nach vorne los. Pass aber auf, dass du dich nicht zwischen das Rind und die

Stallwand stellst, sondern immer zwischen zwei Tiere, gau, Kathi«, sagt Markus mit Nachdruck.

Zwischen zwei Rindern eingeklemmt zu werden, scheint weniger schmerz- und folgenreich zu sein als zwischen einem Rind und einer Wand. Erinnerungen an lang zurückliegende Rippenbrüche kommen hoch. Damit ist der Rat fest in mir verankert.

»Hast du ein Messer im Sack?«, will Markus noch wissen, bevor es losgeht, und er meint mit dem Sack meine Hosentasche.

Das Taschenmesser brauchen wir griffbereit, um schnell Seile durchschneiden zu können, wenn zwei Rinder sich unglücklich ineinander verkeilt haben. Das kann passieren, wenn die Tiere sich nacheinander zum Ausruhen hingelegt haben und dasjenige, das sich später hingelegt hat, vorher noch über das schon liegende Tier seitlich drübergestiegen ist. Oder zumindest über dessen Seil. Wenn dann beide wieder aufstehen, spannen sich ihre gekreuzten Seile, die Tiere bekommen Panik und zerren an den Seilen, sodass die Angst und der Zug auf die Seile weiter zunehmen.

Markus geht voran. Ich weiß eigentlich nicht so recht, was jetzt passiert. Wenn gleich all diese an einen Laufstall gewöhnten Rinder los und Markus und ich mittendrin sind, was steht für danach im Drehbuch? ›Es ist schon zig Alpsaisons vor mir gut gegangen, und sie hatten schon zig unerfahrene Helfer hier‹, sage ich mir wieder einmal. ›Polepole‹, ich werde ja jetzt erleben, wie es weitergeht.

Links und rechts vom Stallgang liegen 57 riesige Tiere. Der Stallgang ist vollgeschissen und vollgepinkelt. Es stinkt. Ich bekomme kaum Luft. Der Boden ist glitschig. Und Markus fängt in aller Seelenruhe an zu pfeifen.

»Chomm, uf, komm, auf«, sagt er zu dem einen oder anderen Rind, während wir nach hinten durchgehen. Langsam kommt Leben in die Bude. Die ersten Rinder bemerken, dass sich etwas tut. Aber erst, als Markus das erste Tier löst und mit einem Klaps in Richtung Ausgang schickt, kommt auch der Rest auf die Beine. Kein Wunder, sie müssten jetzt auch langsam Hunger und Durst haben, denn im Stall gibt es bis auf etwas Salz nichts. Und das treibt sie praktisch von ganz alleine nach draußen. Meine Sorge, zwischen den Hufen von 57 Rindern unterzugehen, scheint sich zu erledigen.

Das Losmachen ist gar nicht so einfach. Manche Knoten bekomme ich nur mit Mühe und Not durch die Schlaufe gedrückt. Gleichzeitig muss ich auf meine Füße aufpassen, und einige Rinder wissen offensichtlich nicht, dass ich sie auf die Weide lassen möchte, denn sonst würden sie nicht versuchen, mir ihren Kopf in die Brust zu rammen. Für meine Stallhälfte brauche ich fast doppelt so lang wie Markus für seine. Markus holt derweil einen Besen und fängt hinten im Stall schon mal an zu fegen. Dabei trällert er wieder ein Lied vor sich hin. Zusammen mit den letzten Rindern gehe ich nach draußen und scheuche sie über den Platz auf die Weide, die die anderen schon längst entdeckt haben. Wow, das hat geklappt! Ich bin bereit für den nächsten Stall.

Wenn nur am Schluss nicht das Ausmisten wäre! Die Versenkung, in die ich beim morgendlichen Ausmisten des Ziegenstalls abtauche, dauert 15 bis zwanzig Minuten. Fast niedlich sind die Ziegenbohnen, und den Urin nimmt das Stroh auf. Jede einzelne Ziege, deren Dreck ich wegmache, habe ich schon ins Herz geschlossen.

Aber das hier ist etwas ganz anderes. Es geht heute um den Mist von 57 plus 14 plus 29 Tieren. Großen Tieren. Es geht um Tiere, die im Frühjahr, weil frisches junges Gras auf ihrem Speiseplan steht, besonders dünn scheißen. Um Tiere, zu denen ich keine Beziehung habe und für die ich einfach nur einen Job erledige.

Es werden wohl ein paar Hundert Kilo Mist sein, die wir heute aus dem Stall hinaus ins Gülleloch schieben. Meter um Meter mache ich dieselben Bewegungen. Arme, Beine und Rücken schmerzen. Markus überholt mich wieder einmal mühelos.

Als es endlich geschafft ist, grinst er mich an und sagt: »Ein sauberer Stall ist der Stolz des Bauern.«

»Äbe guet, also gut, dann wäre das also auch geklärt!«, lache ich zurück.

Den Sommer über werden die Rinder alle paar Tage eingestallt. Dann bekommen sie Salz, und wir können in Ruhe schauen, ob sie gesund sind. Vor allem bei besonders heißem Wetter und vielen Bremsen oder bei besonders schlechtem Wetter treiben wir sie ein. Sollte es unerwartet Schnee geben, was hier oben wohl immer mal wieder vorkommt, müssten wir die Tiere auch sofort reinholen. Zu groß ist auf den steilen Weiden die Gefahr, dass sie ausrutschen und abstürzen, und auf zugeschneiten Weiden gibt es eh nichts zu fressen.

In den ersten Tagen trainieren wir mit den Rindern das Einstallen und gewöhnen sie an die Ställe, an ihre festen Stellplätze und an uns. Es geht mehr schlecht als recht. Die Tiere verstehen einfach nicht, was wir von ihnen wollen. Als wir sie auf der Weide in Richtung Stall treiben, drehen wir alle zusammen eine riesige Ehrenrunde. Stefanie hatte mir vorher noch schnell gesteckt, wie ich am besten vorgehe: »Benutz deinen Hirtenstock als Armverlängerung. Mach dich groß, damit die Rinder dich gut sehen und deine Gesten gut deuten können.« Dasselbe gilt für die Stimme. Ein gehauchtes »putt, putt, putt« bliebe ungehört. Klar und deutlich sein, darum geht es. Rex hat das entschieden besser drauf als ich. Er ist zwar auch nicht mehr der Jüngste, aber allemal schneller und wendiger als ich. Und laut bellen kann er auch. Mein Gott, ist das anstrengend. Das Schilthorn? Ein Klacks! Ich renne den Rindern hinterher. Bergauf. Schwinge dabei meinen Stock. Rufe laut »hey-hey-ho-ho«. Versuche, nicht allzu doof dabei auszusehen. Die Lunge brennt. Alles tut weh. Und wenn es dann endlich geschafft ist und alle Tiere im Stall sind, Tür zu, dann geht es ja erst richtig los. Das Ringen mit den Kilos um Macht und Ordnung.

Frei

Ich sitze.

Ich sitze und fahre.

Mein Hintern thront auf einem weichen Polster, mein Rücken lehnt entspannt zurück. Sogar den Kopf kann ich abstützen! Meine Beine brauchen nicht mehr zu tun, als die Pedale zu bedienen. Meine Hände drehen ein bisschen am Lenkrad rum. Ich bin wach und passe auf, aber mein Körper ist schwer und träge. Das Radio dudelt.

Ich habe frei! Seit exakt halb elf heute Morgen. Ich darf mit dem Opel ins Tal fahren und – ja, was eigentlich? Jetzt, da ich so schön sitze, will ich eigentlich nur eins: sitzen bleiben. Mich nicht bewegen. Die Rückenlehne auskosten, denn mein Platz auf der Bank in der Küche der Salzmatt hat keine.

Ich lasse das Fenster etwas hinunter und den Fahrtwind herein. Je weiter ich talwärts fahre, desto mehr Menschen, die den Sonntag in den Bergen verbringen wollen, kommen mir entgegen: zu Fuß mit Wanderrucksack auf dem Rücken, auf dem Fahrrad oder im Auto. Nach knapp einer Viertelstunde biege ich in Richtung Schwarzsee ab. Als ich das letzte Mal frei hatte, habe ich dort das Café Mamsell entdeckt, dessen Angebot perfekt zu meiner Nachfrage passt: gemütliche Sessel, kalte Cola, hausgemachte Torten und funktionierendes WLAN.

Die Kellnerin begrüßt mich herzlich und erkundigt sich, wie es mir seit meinem letzten Besuch bei ihr ergangen ist.

»Jetzt sind die Rinder angekommen«, berichte ich. »Das ist wieder eine ganz neue Welt für mich!« Ich erzähle ihr, wie das Einstallen funktioniert.

Mit einem Teller Suppe in der Hand schaut sie mich ungläubig an und fragt: »Wahnsinn, und das machst du?«

»Ja, klar, jede Hand wird gebraucht!«, sage ich und denke, dass ich den Alpjob vielleicht nicht angenommen hätte, hätte ich gewusst, was alles auf mich zukommt.

Aber genau dafür bin ich ja eigentlich gekommen: um meine Grenzen zu verschieben, aus eigener Kraft und weil ich das so will.

Während die Kellnerin sich um meine Torte kümmert, fahre ich den Laptop hoch. Ich sitze ganz still. Nur meine Finger bewegen sich auf der Tastatur. Das Draußensein der letzten Wochen, die Anstrengungen von heute Morgen, als wir nach dem Zmoorge die Seelihus- und die Salzmatt-Rinder eingestallt haben, lasse ich praktisch auf Knopfdruck hinter mir. Ich bin in einer anderen Welt, in meiner anderen Welt. Ich checke meine Mails. Jemand, der von meiner geplanten Selbstständigkeit gehört hat, möchte wissen, wann ich zurück bin und ob ich für ihn arbeiten könnte. Ich schreibe zwei Freundinnen und begleiche eine Rechnung per Online-Banking. Dann arbeite ich den Rest meiner kleinen To-do-Liste ab: Ich lade meine Fotos von der Alp auf den Rechner, teile manche mit Freunden und über das Internet und gebe

Postkarten mit Salzmatt-Motiven in Auftrag. Als es plötzlich voll wird im Café, schaue ich zum ersten Mal richtig hoch. Es hat begonnen zu regnen.

Ich möchte noch eine Weile bleiben. Ich wüsste auch nicht, wohin sonst. Mein Laptop verschafft mir Bewegungslosigkeit und Ruhe, das Mamsell ein Dach über dem Kopf. Ich bestelle ein Panino mit Ziegenkäse und hole mein Tagebuch aus dem Rucksack. Ich will die Aufzeichnungen nachholen, zu denen ich in den letzten Tagen nicht gekommen bin. Plötzlich ein Gedanke: ›Ich muss wissen, wie viel Alp ich habe!‹ Das Gefühl kenne ich von den Sommerferien meiner Kindheit. Die sechseinhalb Wochen Unendlichkeit habe ich ständig im Kopf durchgerechnet: Wie viele Wochen Ferien waren es schon, wie viele Wochen sind es noch? Ich lege eine Liste mit den Alpwochen an, jeder Eintrag ist ein Montag. Ich komme auf 18 Wochen Alp und setze drei Haken, denn heute geht die dritte Woche zu Ende. Aber ich bin doch schon eine Ewigkeit hier! Eine genauso schöne wie lehrreiche, aufregende und anstrengende Ewigkeit. Drei Wochen habe ich schon geschafft – oder erst? Beides, das Schon und das Erst, erfüllt mich mit Freude und mit Zweifel. Drei von 18, das ist gerade mal ein Sechstel. Noch fünfmal so viele Erlebnisse, wie ich schon hatte, liegen vor mir. Noch fünfmal so viel Muskelkater, Müdigkeit und Gipfelglück. Jetzt heißt es abwarten, wie es in ein paar Wochen aussieht mit Yin und Yang, mit Sonne und Regen. Aber auch das habe ich mir selbst ausgesucht: dass die Alp viel mehr als ein Abstecher ist. Länger, intensiver und umfassender. Ich wollte ja mehr von den Bergen und von der Landwirtschaft. Ich wollte ja das tiefe, das vollständige Erlebnis, mit allem, was dazugehört. Mit Erfahrungen, die mich auftanken und verändern, mächtiger als eine Urlaubsbräune. Dazu gehört auch der lange Atem über sechsmal drei Wochen hinweg. Nachdenklich packe ich mein Tagebuch wieder in den Rucksack.

Als ich nach den paar freien Stunden wieder den Muscherenschlund hinauffahre, macht sich Sehnsucht in mir breit. So sehr ich die Zeit außerhalb der Alp genossen habe, so sehr freue ich mich jetzt darauf, wieder nach oben zu kommen, an meinen Platz.

Momente

Mit der Ankunft der Rinder verändert sich mein Alltag. Jetzt gehört der tägliche Tier- und Weidenkontrollgang, der Gguschticheer, zu meinen Aufgaben. Wann ich mit Rex an meiner Seite aufbreche, ob am Vormittag oder Nachmittag, hängt davon ab, was ansonsten noch zu erledigen ist. Manchmal warte ich auch einen Regenguss ab oder darauf, dass der Nebel sich lichtet. Die Hauptsache ist, dass alle Rinder täglich kontrolliert und gezählt und die Zäune und Brunnen überprüft werden. Das ist gar nicht so einfach. Für mich sehen alle Rinder gleich aus! Und dann laufen sie auch noch durch die Gegend, anstatt stillzustehen, wenn ich sie zählen will, oder Rex bellt im falschen Moment und bringt alles durcheinander. Vor allem mit Sonderaufgaben tue ich mich schwer. Wenn Markus mich bittet, nach einem bestimmten Rind zu schauen oder auszukundschaften, ob das, das gestern stierig, also brünstig, war, auch heute noch stierig ist, komme ich meistens kleinlaut und unverrichteter Dinge wieder zur Hütte zurück. Ich schaffe es einfach nicht, die Tiere auseinanderzuhalten. »Isch scho guet, ist schon gut, Kathi«, tröstet Markus mich dann.

Auf meinen Streifzügen entdecke ich jeden Tag Neues. Die Natur erblüht jetzt rasend schnell. Ich kann förmlich sehen, dass sie die lange Winterpause wettmachen will. Wo eben noch ein Schneefeld war, leuchtet jetzt frisches Grün, und plötzlich ist der Boden an manchen Stellen mit Enzian, dem Frühlingsboten, überzogen.

So langsam lerne ich auch die verstecktesten Winkel der Salzmatt kennen, auf meinem täglichen Gguschticheer oder wenn Markus und ich wieder mal zum Zäunen ausrücken, um auch noch die anderen, sozusagen späteren Weiden für die Rinder vorzubereiten. Mit der Zeit gewöhnen sich meine Beine an das ständige Auf und Ab, und die Oberschenkel tun nicht mehr ganz so weh. Manchmal kann ich sogar schon erahnen, wie stark mich der Alpsommer machen wird. Aber Mutter Natur lehrt mich Demut und Geduld. Ich habe noch so vieles zu lernen und bin nach wie vor regelmäßig am Ende meiner Kräfte.

Heute hat sich wieder einmal der Nebel im Schlund verfangen – keine guten Aussichten fürs Rinderzählen, denn ich sehe so gut wie nichts. Ich höre auch praktisch nichts, nur Rexlis Atem und wie meine Regenhose durch das hohe Gras streift. Keine einzige Kuhglocke läutet an meinen Ohren. Der Nebel hat einfach alles verschluckt. So bleibt mir nichts anderes übrig, als jeden Winkel der Weide abzulaufen, bis ich quasi mit der Nase auf die Tiere stoße. Es fühlt sich ein bisschen unheimlich an, halb blind und mit den Ohren in Watte durch den Nebel zu stapfen, und ich bin froh für Rexlis Beistand. Zurück zur Hütte sollte ich nachher wohl finden, denn die Masten der guten alten Kupferdrahttelefonleitung, die vom Schwarzsee zu uns heraufkommt, führen geradewegs über die Hüttli-Weide zur Salzmatt hinauf. *Gruselig, angsteinflößend, spannend*, merke ich mir für den Tagebucheintrag am Abend. Die letzten vier Rinder, die mir noch fehlen, haben sich unter einer Fichtengruppe im Wald ein trockenes Plätzchen gesucht. Mucksmäuschenstill warten sie hier auf bessere

Zeiten und lassen mich mit meiner lieben Mühe, sie auseinanderzudividieren und zu zählen, allein. Aber jetzt habe ich alle! Ich bin erleichtert und trete den Rückzug an.

Das schlechte Wetter wirkt sich jedoch nicht nur auf das Rinderzählen aus. Als ich am späten Nachmittag alles fürs Melken vorbereitet habe und die Ziegen eigentlich kommen dürften – in aller Regel tun sie das auch, dem Kraftfutter sei Dank –, steht einzig die schwarze Ziegenanführerin bei der Hütte parat.

Sie blickt mich an und meckert.

»Wo sind denn deine Mädels?«, frage ich sie irritiert.

Wieder meckert die Schwarze mich an.

»Wo sind sie? Ich hab dich nicht verstanden«, hake ich nach.

Die Schwarze meckert und jammert und will sich gar nicht beruhigen.

Und dann sehe ich es: Auf der Bergkuppe oberhalb von uns steht ihre Truppe dicht gedrängt am Waldrand. Zwanzig Augenpaare blicken zu uns herunter und meckern die Schwarze und mich an. Sind das Hilferufe? Oder sind sie einfach nur zu blöd, zu uns herunterzukommen?

Ich versuche es mit dem Lockruf. Damit er sicher oben ankommt, forme ich mit den Händen einen Trichter um meinen Mund herum: »Chum-sa-sa-sa-sa, chum-sa-sa-sa-sa!«, rufe ich den Berg hinauf.

Aber mein Locken interessiert die Ziegen nicht. Sie bleiben, wo sie sind – warum sollten sie sich auch ohne ihre Anführerin von der Stelle bewegen? Gegenfrage: Warum sind sie nicht einfach ihrer Anführerin gefolgt? Das wäre doch für alle Beteiligten das Einfachste gewesen! Aber nein, die Damen haben sich offensichtlich auf einen persönlichen Abholservice eingestellt.

Es bleibt mir nichts anderes übrig, als die Ziegen zu holen, und so mache ich mich auf den Weg zum Wäldchen. Als ich bis auf wenige Meter an die Mädels herangekommen bin und wieder zum Lockruf ansetze, kommt Bewegung in die Gruppe. Ich drehe mich um 180 Grad und gehe wieder hinunter, dahin, wo ich hergekommen war, den Ziegentrupp geschlossen hinter mir. Sprachlos guckt die Schwarze von unten zu mir hoch, und ich schaue triumphierend zurück. Als die Herde zu ihrer Anführerin aufschließt, höre ich noch zwei, drei kleine Muckse, dann ist Ruhe im Karton, und wir gehen alle zusammen in den Stall. Versteh einer die Frauen!

Jeden Tag lehren die Ziegen mich aufs Neue, wie empfindsam, charakterstark, aufgeschlossen und sozial »Nutztiere« sind. In meinem Leben zu Hause in Deutschland hatte ich das bisher nur mit den typischen Haustieren Hund und Katze erlebt. Vor allem können die Ziegen auch eines: mich gut unterhalten. Mehr als die Hälfte der Einträge in meiner Tagebuchliste *Kann mich totlachen über* handeln von den Giiss. Meine Top Acht:

Kann mich totlachen über:
1. *die karamellfarbene Ziege, die sich schon in der Sekunde, da ich gerade noch die Melkkelche von ihren Zitzen löse, zum Abliegen fallen lässt,*
2. *die braune Ziege, die sich zum Schlafen so einrollt, dass ihr Kopf zwischen ihrem eigenen Rücken und dem Rücken der Nachbarziege festklemmt,*
3. *die Ziege, die gerne zur Seite schaut und dabei ihren Kopf auf dem Hals der Nachbarin ausruht,*
4. *das Gämschi, das mir mit dem rechten Vorderfuß auf den Gummistiefel klopft, damit ich es kraule,*

5. *mich selbst, wenn ich mir beim Kraftfutterverteilen im Ziegenstall vorkomme wie beim Kamellewerfen im Kölner Karneval (auch wenn ich das zeit meines Lebens noch nie gemacht habe),*

6. *praktisch alle Ziegen, wenn sie mich mit ihrer Nase anstupsen und dann den Kopf schief legen und mich bittend anschauen, um gestreichelt zu werden,*

7. *meine Fantasie, dass mich die wiederkäuenden Ziegen an kaugummikauende Amis erinnern (so viel zum Thema Vorurteile),*

8. *die Ziege, die sich immer wieder hinlegt, auch wenn sie noch gar nicht mit Melken dran war. Und die, wenn ich sie aufscheuche, so tut, als ob sie gar nicht gemeint sei oder als ob sie gar nicht da sei, indem sie wie ein Kind schelmisch wegguckt.*

Die Ziegen haben wie alle Herdentiere ihre Rituale, und nach und nach weihen sie mich ein. Mit der Zeit lerne ich zum Beispiel ihre Lieblingsweiden kennen und kann ihre jahreszeitlich unterschiedlichen Fresspräferenzen nachvollziehen. Doch auch wenn sie eigentlich hätten wissen müssen, dass die Weide bei Linus hinten links nichts mehr hergibt, trotten sie eine Zeit lang trotzdem jeden Tag aufs Neue hin, um die Lage dort noch einmal zu checken. Oft halten sie auch morgens, nachdem ich sie aus dem Stall gelassen habe, erst einmal eine Lagebesprechung ab. Aber wie die Besprechung funktioniert, so ganz ohne Agenda, PowerPoint und Protokollführer, das erschließt sich mir nicht. Nein, ich habe keine Ahnung, wie die Ziegenkommunikation vonstattengeht, aber jedes Mal gibt es ein Ergebnis, und die Anführerin setzt es in die Tat um. Ich beneide die Ziegen.

Manchmal gibt es auch »Krieg«, wie Markus es nennt. Dann kloppen sich zwei Ziegen, und »kloppen« ist nicht übertrieben. Wer einmal gesehen hat, wie sie auf ihre Hinterbeine steigen, regelrecht ausholen und dann mit Karacho ihre Köpfe gegeneinanderrammen, weiß, wovon ich spreche. Die anderen üben sich derweil in vornehmer Zurückhaltung, gucken in der Gegend herum oder zupfen hier ein Gräschen und dort ein Blümchen aus. Diese Woche konnte ich jedoch beobachten, wie eine Ziege sich zur Schiedsrichterin aufschwang und riskierte, selbst eine gewischt zu bekommen. Wer gewann und warum, war für mich zwar nicht erkennbar. Aber auch hier galt: Irgendwann war Schluss, und als geschlossene Einheit ging es weiter zum Fressen auf die nächste Weide. Und wenn die Ziegen auch vieles sind: Nachtragend sind sie jedenfalls nicht.

Es kommt vor, dass Ziegen den Anschluss an die Herde verpassen, wenn sie morgens zu ihrem Streifzug aufbrechen. Gerade jetzt zu Beginn der Saison muss ich ein Auge auf unsere drei Kleinen, die zwei Gitzis und das Böckli, haben. Entweder lenken sie sich selbst vom Weg ab, weil es einfach zu viel zu entdecken gibt, oder sie lassen sich von Wanderern kraulen, heften sich diesen ein Stück weit an die Fersen – und aus den Augen ist die Herde. In der Regel kommen die Verlorenen dann zum Stall zurück, um zu schauen, wo die anderen sind. Wenn ich keine Zeit dafür habe, sie quer über das Gelände zur Herde zu führen (falls ich überhaupt ungefähr ahnen kann, wo die Herde sich gerade aufhält), dann sperren wir sie mitten am Tag in den Stall, was jedes Mal lautstarkes Gemecker auslöst. Das dauert zum Glück nur so lang an, bis die Leitziege dann doch mal bemerkt, dass ein paar ihrer Schutzbefohlenen fehlen und sie mitsamt der restlichen Herde zum Stall zurückmarschiert, um nach ihnen zu sehen.

Bei dieser Gelegenheit können die Verlorenen dann wieder Anschluss an die Herde nehmen.

Was die Ziegen auszeichnet, ist eine ungebremste, ja, kindliche Neugier. Sie stecken im wahrsten Sinne des Wortes überall ihre Nase hinein. Schon beim leisesten Verdacht, den Lockruf gehört zu haben, der sie zurück in den Stall zum Kraftfutter führen würde, horchen sie auf, blicken aufmerksam um sich und wenden neugierig die Köpfe. Schnell habe ich die Lektion gelernt, dass ich vor den Ziegen alles, was ich noch gebrauchen möchte (leere Säcke, Seile, Schnüre und so weiter, ganz zu schweigen von vollen Heusäcken oder einer Tüte Salz) in Sicherheit bringen muss. Mit einer Zielstrebigkeit und Inbrunst, die mich immer wieder erstaunt, fallen sie über den Fund her, schubsen ihn um und ziehen und zerren daran. Auch an definitiv nicht Essbarem. Das Gämschi hat zum Beispiel Gefallen daran gefunden, die Futterkrippe im Stall abzunagen. Ob dies der Zahnpflege oder der Zerstreuung dient, wer weiß?

Aber so neugierig die Ziegendamen auch sind, so sprunghaft sind sie. Stellt sich etwas als ungenießbar heraus oder muss ich sie zum Beispiel von der Terrasse vor der Hütte vertreiben, verlieren sie blitzartig das Interesse und widmen sich einer neuen Beschäftigung.

Wie liebe ich die Ziegen, und wie sehr werde ich sie in meinem anderen Leben vermissen! Ihre Zuneigung, ihr Einfordern von Aufmerksamkeit und Streicheleinheiten, ihre Beharrlichkeit, ihre Neugier und wie sie die Freiheit auf der Alp genießen. Aber auch ihre Sturheit, ihr plötzliches Desinteresse und ihr Gemeckere. Sie lehren mich auch vieles, das ich wie einen Schatz mit nach Hause nehmen kann. Mit noch viel mehr Respekt und Dankbarkeit als vorher wertschätze ich, dass nicht nur der Boden und die Pflanzen, sondern auch die Tiere uns Menschen ernähren. Dass sie mich an sich heranlassen, um ihnen ihre Milch wegzunehmen. Dass sie mich dabei sogar unterstützen, indem sie stillhalten, ein Bein heben oder für mich aufstehen. Sie ermöglichen mir, dass ich mich als nutznießender Mensch nicht wie ein Eindringling oder ein Dieb fühle, sondern dass ich auf Augenhöhe mit ihnen arbeiten kann.

Von der ältesten Ziege im Stall habe ich gleich zu Beginn der Alpsaison gewusst, dass dieser Alpsommer für sie der Gnadensommer sein würde. Bald habe ich festgestellt, dass sie tatsächlich nur noch wenig Milch gibt. Aber ich gebe mir jeden Tag Mühe, um dieser Ziege einen schönen letzten Sommer zu bereiten. Ich gebe ihr mindestens genauso viel Kraftfutter wie den anderen, ich massiere und streichle sie ausgiebig und pflege sie, als sie fußkrank ist. Ich gebe gerne zu, dass mir manchmal die Tränen in die Augen steigen, wenn ich die Nummer 19 liebkose und mir in Momenten wie diesen bewusst wird, dass sie nicht mehr lange zu leben hat, weil der Platz für eine jüngere Ziege gebraucht wird. Schweren Herzens lerne ich zu akzeptieren, dass der menschliche Ernährungskreislauf Geburt und Tod von Tieren mit einkalkuliert und dass ich als Konsument von tierischen Produkten – egal ob Fleisch, Milch, Butter oder Käse – daran teilhabe. Aber ich lerne auch, dass wir Menschen entscheiden, welches Leben wir den Tieren ermöglichen.

Bei den Kühen ist Belinda mit den Hörnern die Anführerin, eine schon recht betagte, aber sehr stolze Dame. Belinda hat ihren eigenen Kopf, und der überträgt sich nur allzu gern auf den Rest ihrer Truppe. Wenn Belinda nicht will, wollen die anderen auch nicht, und wenn Belinda gut drauf ist, sind es die anderen auch – und immer ist es ihnen vollends egal, was wir Menschen davon halten. Belinda und ihre Damen haben wirklich ein eigenes Timing und legen eine bemerkenswerte Ignoranz unserem Zeitplan gegenüber an den Tag. Ich konnte zum Beispiel schon mehrmals beobachten, dass die Kühe tagsüber Stunde um Stunde gemütlich im Gras liegen, anstatt zu fressen (und fressen hätten sie sollen, da dies die Milchproduktion ankurbelt). Manchmal begeben sie sich erst nachmittags ans Fressen, wenn ich sie schon bald zum Melken in den Stall holen soll. Wenn ich dann mit Hirtenstock und Rex losziehe, um sie einzutreiben, kann ich sie nur schwer davon überzeugen, dass jetzt Stallzeit ist, schließlich haben sie ja noch Hunger. Vor allem Kuh Sabine ist auf dem besten Weg, mir den letzten Nerv zu rauben. So doof kann man doch gar nicht in der Gegend rumgucken! Und dieses Exemplar scheint tatsächlich über die Gabe zu verfügen, beim Gehen einschlafen zu können. Manchmal bin ich eine Dreiviertelstunde lang unterwegs, um die neun Kühe in den Stall zu holen. Beim Eintreiben von zwanzig, dreißig oder neunzig Rindern bin ich schneller.

An anderen Tagen ist es genau andersherum. Dann tauchen die Kühe plötzlich völlig unerwartet vor dem Stall auf und wollen gemolken werden. Und das passiert nicht nur an heißen Tagen, wenn sie von Bremsen geplagt werden und sich vor den stechenden Biestern verstecken wollen. Ja ja, nicht ärgern, nur wundern, ich weiß, und wie man in den Kuhstall hineinruft, so schallt es heraus … Aber wie ich die Mädels dann wieder zurück auf die Weide und ans Fressen kriege, das hat mir bis jetzt noch keiner verraten.

So haben die Kühe auch einige Plätze auf meiner *Kann mich totlachen über*-Liste sicher. Ein Platz ging an Belinda, als sie mit ihren Hörnern einen riesigen Ast aufgabelte und sich über ihre unfreiwillige Fracht dermaßen erschrak, dass sie wie ein junges Reh quer durch ihre Herde preschte. Einen belegt Wolgi, die in ihre Parklücke im Stall grundsätzlich rückwärts einparkt. Und einer geht an Amsla, die immer zuerst eine orientierungslose Runde durch den ganzen Stall dreht, dann wieder kurz nach draußen geht, hier einen Kreis zieht, um zu wenden, um dann wieder in den Stall hineinzugehen und ohne mit der Wimper zu zucken ihren Platz anzusteuern. Schön und gut, am Ende steht Amsla am richtigen Platz, aber ich muss jedes Mal wieder kurz die Luft anhalten. Denn unmittelbar rund um unsere Alphütte und damit auch direkt vor den Ställen herrscht das ungeschriebene Gesetz des Scheißverbots. Der Schotterweg vom Parkplatz bis zum Hüttenvorplatz und natürlich dieser selbst, der ja auch als Gästeterrasse dient, haben unter allen Umständen rein zu bleiben. Dass es Markus damit ernst ist, habe ich schnell kapiert. Nur die Tiere halten sich nicht daran, also jedenfalls nicht immer. Das heißt: Wenn Markus die Kühe hertreibt, kneifen sie die Pobacken zusammen. Kein Fitzelchen verunreinigt den Weg. Aber wehe, der Chef ist nicht zu sehen und die Kühe haben es nur mit mir zu tun: Dann trödeln sie, tun so, als ob sie mich nicht gehört haben, bocken – und erleichtern sich nicht auf der Weide, wo sie den ganzen Tag verbracht haben, sondern natürlich ausgerechnet auf den zehn Metern Schotterweg zwischen Weide und Stall. Dann bleibt mir regelmäßig nur noch übrig, mich um Schadensbegrenzung zu kümmern. Schnell hole ich eine Schaufel und mache den Dreck weg, und mit ein, zwei Eimern Wasser aus dem Brunnen spüle ich über die Unglücksstelle.

Als ich heute in der Früh die Kühe zum Melken in den Stall hole und die letzte Kuh in Richtung Stalltür dirigiere, rutscht mir das Herz in die Hose: Ich habe vergessen, das Seil zu spannen! Das Seil, das die Kühe in den Kuhstall lenkt – und sie ganz nebenbei davon abhält, genau da herzumarschieren und hinzuscheißen, wo sie nichts verloren haben. Ein kurzer Blick in den Stall bestätigt meine Befürchtung: Nur fünf der neun sind in den Stall abgebogen. Der Rest ist offensichtlich einfach weitergegangen. Aber wohin? Ich renne meiner Befürchtung hinterher am Ziegenstall vorbei zum Hüttenvorplatz. Hier haben die vier Ausreißerinnen gerade offensichtlich jede Menge Spaß. Eine beäugt das Schaukelgerüst, eine versucht, der Kälberweide ein paar Grashalme abzuzwacken, eine dritte steht mitten zwischen den Tischen und Bänken, und die vierte ist auf dem Weg dorthin. Ich will gerade ansetzen, mit den Kühen zu schimpfen, da fällt mir ein, dass die Familie noch schläft, und so schlucke ich meinen Ärger hinunter, um nicht die ganze Hütte aufzuwecken. Ist vielleicht besser so, wenn keiner meine Pleite mitbekommt. Ich werde den Kühen wohl irgendwie beibringen müssen, dass auch ich ihr Chef bin und dass sie ihre morgendliche Route in den Stall nicht einfach eigenhändig abändern können. Seil hin oder her.

Dabei hatte alles ganz anders begonnen. Ich hatte Markus gefragt, ob ich einmal morgens früh die Kühe zum Melken holen dürfe, was eigentlich seine Aufgabe ist. Nun ja, ein bisschen länger schlafen tut ja jeder gerne, auch wenn hier nur von einer Zehn-Minuten-Verlängerung von zwanzig nach fünf auf halb sechs Uhr die Rede ist. Gesagt, getan, Markus war froh über die kleine Extramütze Schlaf, und ich durfte etwas Neues ausprobieren.

Sicherheitshalber ließ ich meinen Wecker bereits um fünf Uhr klingeln. Mit Taschenlampe, Hirtenstock und Rex machte ich mich auf den Weg. Was soll ich sagen – diesen Start in den Tag werde ich nie vergessen. Beschienen von einem riesigen, zum Greifen nahen Vollmond schaltete ich die Taschenlampe aus. Still gingen Rex und ich die Weide hinab. Er wusste genau, was zu tun war, blieb aber an meiner Seite. Nach und nach konnte ich die Umrisse der Kühe erkennen. Sie waren schon auf und frühstückten taufrisches Gras. Jetzt, an diesem Ort zu dieser Zeit, hätte ich am liebsten die Zeit angehalten. In noch tiefer nächtlicher Dunkelheit die Schönheit der vom Mond beschienenen Kuhrücken einatmen, die stille, gleichmäßige Melodie der Kuhglocken genießen, die Einsamkeit, die klare Aufgabe. Das schwarze Gebirge stand einfach da, mächtig und beruhigend, unveränderlich, ein perfekter Hintergrund. Und jetzt kam ich Mensch und veränderte das Bild. Mit so kleinen Gesten wie möglich trieb ich die Kühe nach oben zum Stall. »Schwüg, Rexli, schwüg«, und lass uns so wenig wie möglich eingreifen in diese Heiligkeit.

Der Lauf der Dinge

»Daas chommt niit guet, Markus.« Markus, Stefanie und ich stehen beim Törli am Fahnenmast und schauen den Ziegen bei ihrer morgendlichen Lagebesprechung zu. Sie haben sich noch nicht entschieden, wohin sie ziehen möchten. Meine beiden Chefs machen sich schon seit ein paar Tagen Sorgen um unser kleines Böckli. Es soll im Laufe des Sommers erwachsen werden und die Ziegen bespringen. »Ich glaube nicht, dass es mit diesen O-Beinen gut springen kann. Es sieht auch hüftkrank aus, schau mal, es geht wie ein alter Mann. Markus, wir sollten uns rechtzeitig um einen anderen Bock kümmern«, wendet Stefanie sich an ihren Mann.

Stefanie ist in den Wintermonaten auf dem Talhof für die Ziegen zuständig. Der Plan ist, dass die Mädels im Sommer alle ungefähr gleichzeitig schwanger werden, um dann im Winter ungefähr gleichzeitig zu gitzle, also Junge zu gebären.

So kann Stefanie die Ziegen zugleich »galt stellen«, das heißt trocken stellen und nicht mehr melken, und nach einer Pause von ein paar Wochen mit Vollgas wieder im Stall antreten, wenn der Ziegenkindergarten voll besetzt ist und viele kleine Mäuler mit der Flasche zu füttern sind.

Der Bock macht auch in meinen unqualifizierten Augen keinen guten Eindruck. Wenn ich die Ziegen morgens rauslasse und sie quietschvergnügt in Richtung Weide flitzen, kommt er mehr schlecht als recht hinterher. Er gibt sich alle Mühe, den Anschluss nicht zu verlieren, aber er scheint Schmerzen zu haben. Gestern Morgen beim Melken hat er noch nicht einmal gefrühstückt.

»Was passiert mit dem Böckli, wenn es ihm nicht bald besser geht?«, frage ich Markus. Ich ahne, was kommt.

»Wuurscht, Kathi, Wuurscht«, sagt Markus.

Ich nicke schweigend. Ich werde mich noch mehr um das Böckli kümmern und versuchen, es aufzupäppeln, verspreche ich mir selbst.

Am Nachmittag, ich komme gerade mit der Sense auf dem Rücken von einer Brennnesselvernichtungsaktion zurück zur Hütte, stürmen die Buben auf mich zu.

»Kathi, weißt du, was passiert ist?«, fragt Yves mich ganz aufgeregt.

»Das Böckli brauchst du heute Abend nicht einzustallen!«, übertönt Pascal ihn.

»Wieso? Ist es denn nicht bei den Ziegen auf der Weide?«, frage ich die Buben.

»Nein, es ist schon im Stall, und weißt du auch, warum?«, macht Yves mich immer neugieriger. »Ein Jäger hat es auf der Straße aufgesammelt und zu uns gebracht«, erklärt er.

Pascal steht neben ihm und nickt heftig. Seine roten Wangen leuchten vor Aufregung.

Stefanie kommt hinzu und bestätigt die Geschichte der Buben: »Es hat am ganzen Leib gezittert und konnte kaum noch stehen. Da hat der Jäger es auf seinen Wagen geladen und zum Stall gebracht.«

Ich muss schlucken und ahne Böses.

Als ich zum Melken gehe, finde ich das verstörte Böckli in seinem Chrömeli. Es hat sich in einer Ecke seiner Box zusammengekauert und sieht nicht nur schwach, sondern auch traurig aus. Das Kraftfutter, das ich ihm hinhalte, frisst es nicht. Ich habe Markus' Worte vom Morgen im Ohr und bitte das Böckli, doch etwas zu nehmen. Aber es bleibt dabei, es frisst nicht. Ich liebkose es sanft und muss es schließlich allein lassen.

Am nächsten Morgen begrüße ich wie immer die Ziegen um halb sechs mit »Hallo Mädels!« Ich öffne die Stalltür, damit frische Luft hereinkann, mache das Licht an und lasse die Damen in Ruhe aufstehen, während ich noch einmal nach oben zur Hütte gehe und das Kuhmelkzeug für Markus hole. Zwei-, dreimal muss ich hin- und herlaufen, bis alles fürs Melken an Ort und Stelle ist. Dann schnappe ich mir den Besen und fange an, unter den Ziegen sauber zu machen. Dem Böckli bleibt diese frühmorgendliche Prozedur erspart, weil ich sein abgetrenntes Chrömeli erst später reinige, wenn die Tiere auf der Weide sind. Ich stelle den Besen an seinen Platz in der Stallecke und hole den Heusack in den Stall. Wie immer gebe ich zuerst den Ziegen links von der Tür Frühstück, dann dem Gämschi und seiner Nachbarin, dann auf der gegenüberliegenden Seite den Großen, der Schwarzen und der Alten.

Als Letztes gehe ich nach hinten zu den Gitzis durch und will schließlich dem Böckli etwas Heu in seine Futterkrippe werfen. Da erst sehe ich es. Alle viere von sich gestreckt liegt das Böckli auf dem Boden. Sofort lasse ich alles stehen und liegen und hocke mich zu ihm. »Schhh, es wird alles gut, mein Kleiner«, flüstere ich ihm zu. Ich streichle sein Köpfchen, seinen Rücken, seine Beine. Es möchte aufstehen, aber seine Glieder sind steif, und es kann nur den Kopf etwas anheben. »Wenn ich doch nur wüsste, wie ich dir helfen kann.« Meine Stimme zittert. Ich hebe das Böckchen hoch und stelle es auf seine Beine. Aber die tragen es nicht. Behutsam lege ich das kranke Böcklein wieder ins Stroh. »Ich hole Stefanie, sie wird wissen, was zu tun ist«, verspreche ich ihm. Ich streichle es noch einmal und laufe los. Zwei Tage später holt mich mein »alles wird gut«, an das ich mich selbst geklammert hatte, ein. Als Stefanie die Buben am frühen Montagmorgen zur Schule ins Tal bringt, nimmt sie das Böckli mit. Ich wasche gerade das Melkgeschirr, als ich die vier mit schwerem Herzen abfahren sehe. Schon als ich nach dem Zmoorge das Chrömeli ausmiste, ist der Kleine im Ziegenhimmel.

Alltag für die Bauern. Ausnahmezustand für mich.

Berührungen

Sechs Grad. Zwei Grad. Drei Grad. Vier Grad. Morgens, wenn ich zum Melken gehe, werfe ich einen Blick auf das Thermometer beim Hütteneingang. In den letzten Tagen hat sich die Temperatur im niedrigen einstelligen Bereich eingependelt. Tagsüber wird es kaum wärmer als zehn, elf Grad. Heute früh ist es dreieinhalb Grad. Dunkler Regen hüllt mich ein. So langsam wird das kaltnasse Wetter lästig. Markus kommt mit der Heuernte im Tal nicht voran, und ich hatte mir den Bergsommer einfach etwas sommerlicher vorgestellt. Ich beiße die Zähne zusammen und rüste in meiner Regenmontur das Melkgeschirr. Als ich mit den Kannen um die Hausecke komme, stoße ich fast mit Markus zusammen.

»Hast du's gesehen, Kathi?«, fragt er mich und zeigt in Richtung Kaiseregg.

Ich traue meinen Augen kaum: Potztuusig, potz Blitz, auf der Kaiseregg hat es geschneit!

Bis fast zum Seelihus hinunter zieht sich das weiße Band. Und wir sind hier nun wirklich nicht im Hochgebirge. Aber der Schnee ist nicht der einzige Höhepunkt des Tages, wie ich bald erfahren werde.

Beim Melkgeschirrwaschen nach dem Melken rinnt mir das Wasser in den Nacken. Je länger ich wasche, desto tiefer wandert die Kälte meinen Rücken hinab. Im Gänterli, wo es von den Motoren der Melkmaschinen noch schön warm ist, kauere ich mich auf einen Futtersack und klemme mir die eiskalten Hände unter die Achseln. So lässt sich die Wartezeit, bis Markus mit den Milchkannen von der Käserei zurückkommt, wenigstens im Warmen überbrücken.

Beim Frühstück eröffnet Markus mir, dass er die Seelihus-Rinder einstallen möchte. ›War ja klar‹, denke ich, während ich gerade vom ersten Nasswerden des Tages trockne. Mittlerweile haben die Hüttli-Rinder die unterste Weide abgegrast und sind zu den Seelihus-Rindern umgezogen. Das bedeutet, dass wir 91 Rinder eintreiben müssen. Und dann trennen: 57 kommen in den großen Stall, zwanzig in den mittleren und 14 in den kleinen. Ich mache jede Arbeit gern und versuche mein Bestes, aber beim Aufteilen der Rinder auf die drei Ställe ist Markus bis jetzt noch kein einziges Mal zufrieden mit mir gewesen. Ich kann einfach auf die Schnelle nicht erkennen, welches Rind in welchen Stall gehört, die farbigen Nummernschilder hin oder her, und wenn Markus mir in der Hektik des Welches-Rind-gehört-in-welchen-Stall-Tohuwabohus etwas zuruft, kommt bei mir durch das Kuhglockengeläut nur die Hälfte an, und ich bin noch verwirrter.

Trotz des miesen Wetters geht das Eintreiben gar nicht schlecht. Selbst die etwas altersmüde Netti mit ihren kurzen Beinchen und dem tiefhängenden Bauch hat sich mit uns auf den Weg gemacht. Markus geht mit ihr unten und ich mit Rex oben die Weide bis ans Ende entlang, damit wir auf dem Rückweg alle Rinder in einem Rutsch mitnehmen können. Die Sicht ist mittelmäßig. Mal habe ich freie Sicht bis ans Ende der Weide, mal verschluckt mich eine Wolke. Der Wind schmerzt im Gesicht und in den Ohren. Zum Glück habe ich Handschuhe angezogen. Die sind zwar schon nach ein paar Minuten pitschnass, aber so sind wenigstens meine Finger geschützt. Jetzt treiben Markus und ich die Rinder nach vorne, er die untere Weidehälfte, ich die obere. Es ist wichtig, Zug in die Herde zu bekommen. Es ist ein bisschen so wie bei den Menschen: Sobald einer kapiert hat, wo es langgeht, laufen alle anderen hinterher. Ab der Stelle, wo die Rinder um die entscheidende Kurve kommen und sie verstanden haben, dass es in Richtung Stall geht, lässt Markus mich mit ihnen allein. Vom Hang aus beobachte ich, wie er mit dem Jeepli zum Seelihus hinüberfährt, um die Eintreibeseile zu spannen und die Stalltüren zu öffnen. Weil die Rinder jetzt von selbst gehen, klemme ich mir den Hirtenstock unter den Arm und puste meine kältesteifen Finger warm.

Das Anbinden der Rinder entpuppt sich als ein mittelgroßes Desaster. Der Stallboden ist von den regennassen Tieren sofort glitschig. Das bringt sie ins Schlingern und Rutschen, und auch ich habe meine liebe Mühe damit, mich auf den Beinen zu halten. Zweimal kann ich nicht rechtzeitig ausweichen, und ausrutschende Tiere donnern in mich, ins rechte Schienbein und in den Brustkorb. Ich könnte heulen und weglaufen. Es tut höllisch weh, und es dauert eine Ewigkeit. Immer wieder büxt mir ein Rind, das ich gerade anbinden will, aus. Ich bin vollkommen durchnässt. Meine Finger sind taub. Ich habe Schmerzen und Angst vor dem nächsten Tritt. In meiner Not helfe ich mir selbst mit dem Wissen, dass es bald geschafft sein wird. Bald werden wir jedes Rind an seinem Platz angebunden haben.

Es ist kurz nach elf, als wir endlich fertig sind. Bei schönem Wetter draußen arbeiten kann jeder. Aber das hier? Körperlich habe ich in den letzten Stunden, nass bis auf die Haut, meine Komfortzone verlassen. Moralisch auch. Ich muss üben damit umzugehen, wenn das schlechte Wetter an meinen, an unseren Nerven zerrt.

Am Nachmittag drückt Markus mir zum ersten Mal die Motorsäge in die Hand. Wir wollen im Schopf, dem Schuppen, – im Trockenen! – alte Zaunpfähle und Balken in Feuerholzgröße bringen. Unsicher schaue ich Markus an.

»Kathi, du kannst das«, ermutigt Markus mich. »Gib nur nicht zu viel Gas und setz nicht mit der Spitze an«, lauten seine Ratschläge.

Ich willige ein und freue mich darüber, dass Markus mir diese Arbeit zutraut. Ich wollte schon immer mal mit der Motorsäge zu Werk gehen!

Markus bringt sich am Sägebock in Position und hält das Holz fest. Ich bin wahnsinnig konzentriert. Ich umklammere die Motorsäge, so fest ich nur kann, damit sie mir nicht entwischt. Die Schnitte sitzen. Zwar muss Markus mir manchmal mit einer Kopfbewegung anzeigen, ob ich weiter links oder weiter rechts sägen soll, aber ansonsten läuft es. Ich arbeite mit der Motorsäge! Mein Brustkorb ist ganz aufgeblasen. ›Konzentrier dich, Kathi! Mann, das geht aber in die Arme. Halt durch!‹

Da unterbricht Markus mich, und ich höre ihn durch den Pamir, den Gehörschutz, hindurch: »Kathi, warum stehst du da so?«

»Wieso, wie stehe ich denn?«, frage ich zurück.

»Du hältst die Motorsäge so komisch«, meint Markus.

»Ja, witzig, die ist ja auch sauschwer!«, gebe ich zurück.

Da muss Markus lachen: »Kathi, du hast jetzt aber nicht die ganze Zeit beim Sägen das Gewicht der Motorsäge gehalten, oder?«

»Doch, klar, das kann auch jeder meiner Arm- und Nackenmuskeln bestätigen«, gebe ich mit angesäuerter Miene zurück.

Markus lächelt mich mitleidig an. »Das brauchst du aber nicht. Schau, lass die Säge ihre Arbeit machen. Wenn du die Säge sauber angesetzt hast, dann legst du ihr Gewicht auf dem Holz so lange ab, bis du kurz vor fertig bist«, zeigt Markus mir.

»Wenn du meinst«, zucke ich mit den Schultern und setze zum nächsten Schnitt an. Aber es funktioniert! Markus hat recht! Ich fühle, dass es so richtiger ist. Deutlich entspannter tauche ich in meine Arbeit ab.

Bis Pascal aufgeregt in den Schopf stürmt. »Ihr sollt in die Küche kommen, der Pfarrer ist da!«, jubelt Markus' Sohn.

Auf dem Weg in die Hütte erklärt mir Markus: »Es ist Tradition, dass die Alpen gesegnet werden, zuerst die Familie und die Hütte, dann die Ställe und die Tiere.«

Still stehen wir alle versammelt in der Küche und lauschen den Worten des Pfarrers. Markus und die Buben lehnen am Küchenschrank, Stefanie und Livia stehen zwischen Stiege und Feuerherd und ich hinter dem Tisch bei meinem Sitzplatz. Der Pastor mitten unter uns setzt zum Segen an. Der Moment hat etwas Magisches. Er ist für mich, die ich hier zu Gast sein darf, ein unerwartetes Geschenk. Fast möchte ich die Familie bei dem Ritual allein lassen, aber ich spüre, dass ich dazu-gehören darf. Verstohlen schaue ich nacheinander in die Ge-sichter meiner Gastfamilie: Stefanie, Livia, Markus, Yves und Pascal. In meinem Herzen bewege ich gute Wünsche für uns alle, auf dass wir gesund durch den Bergsommer kommen.

Der Pfarrer holt ein Fläschchen hervor und spritzt Weih-wasser durch den Raum. Glaube ich zumindest. Der an-schließende Gang durch die Ställe entfällt. Das Wetter ist wohl auch nicht so ganz die Sache des Geistlichen.

Zwei Tage später ist Sonntag und Deutschland Weltmeister. Es ist hell! Und fast den ganzen Tag lang trocken. Ich merke, wie sehr mir in den letzten Tagen der freie Blick in den Himmel und die Ausblicke in die Täler gefehlt haben. Der Regen hat meinen Kopf nach unten gedrückt. Jetzt kann ich wieder nach vorne schauen. Nach vorne … Das ist in fünf Tagen eine Reise nach Hamburg. Eine kurze Unterbrechung des Alpsommers für die Hochzeit von Freunden. Ein Ausflug in ein anderes Leben, das in weiter Ferne scheint.

Am Morgen der Abreise habe ich wie an jedem Tag die Ziegen gemolken und das Melkgeschirr gewaschen. Die Sonne lacht, und wir können ausnahmsweise draußen unter dem Berghimmel frühstücken, wo alles mindestens doppelt gut schmeckt, die Alpbutter, unser Ziegenkäse, Amslas Milch, der Löwenzahn- und der Tannenspitzenhonig aus Zutaten von hier, von den Kindern gesammelt, von Stefanie ver-arbeitet. Das Ruchbrot von der Bäckerei im Tal ist saftig und locker-leicht, ganz anders als die festen Brote aus deutschen Backstuben und meinem eigenen Backofen zu Hause. Ich muss ziemlich dicke Scheiben abschneiden, damit sie nicht zerbröseln. In meinem Bauch sind Schmetterlinge unterwegs. Bevor ich ins Flugzeug nach Hamburg steige, werde ich ein paar Stunden lang in Basel Aufenthalt haben, und das Einzige, was auf meinem Programm steht, ist, zum Friseur zu gehen. Und: Ich werde sauber sein und gut riechen. Ich brauche keine Rinder zu suchen und keine demolierten Zäune zu reparieren, Wanderern keine Würstchen zu servieren und keine Brunnen zu schrubben. Ich brauche noch nicht einmal pünktlich zum Melken im Stall zu sein. Schon heute Abend wird mich mein Bruder in Hamburg in die Arme schließen, und morgen werde ich mich – so gut es geht mit einem geliehenen Kleid – schick machen und in einer eleganten Location ein rauschendes Fest erleben. Die Kontraste, die auf mich warten, wirbeln bereits durch meinen Körper. Ich denke an einen Spruch, den meine Mutter mir geschickt hat: *Ich wünsche dir, dass du an jedem Tag deines Lebens tatsächlich lebendig bist.* Ja, heute ist so ein Tag, und ich bin dankbar für die Extreme, die ich erleben darf. Mal sehen, wie sich meine neuen Wurzeln in den nächsten 48 Stunden bemerkbar machen werden. Mit jeder Menge Käse im Gepäck verabschiede ich mich von meiner Sommerfamilie und lasse den vertrauten Rhythmus der Alp hinter mir.

Meine Augen habe ich geschlossen. Ich atme tief ein und wieder aus. Habe mich schön eingekuschelt, auch wenn ich die Beine nicht richtig ausstrecken kann. Ich sitze im Flugzeug auf dem Rückweg von Hamburg nach Zürich und bin glücklich. In aller Ruhe schaue ich mir an, was ich erlebt habe. Beim Zwischenstopp in Basel, in Hamburg, zwischen all den zurechtgemachten Menschen und ihrer Betriebsamkeit, an Bahnhöfen und Flughäfen, mit Familie und Freunden. Ich bin beides, todmüde und aufgekratzt. Der wenige Schlaf in der Nacht der Hochzeit meiner Freunde wird sich bestimmt morgen, wenn Markus mich irgendeinen Berg hinaufscheucht, rächen. Aber ich wollte jede einzelne Sekunde auskosten.

Das Gefühl eines leichten Sommerkleidchens auf der Haut. Das Gefühl, am Morgen aufstehen zu können, aber nicht zu müssen. Vertrauten, geliebten Menschen nahe zu sein, ihren Geschichten zu lauschen und meine zu teilen. Armdrücken mit dem Bruder, Planschen mit der Nichte. Endlos duschen. Gemütlich sitzen. Wieder dazugehören zu meinem alten, meinem anderen Leben, aber als die, die ich jetzt bin.

Beides waren Premieren: aus dem strengen, aber behüteten, engen, aber mich befreienden System der Alp herauszuspringen und in die Großstadt zu fliegen, und nun die Rückkehr auf die Salzmatt. Ich hab auch kein besseres Wort als »komisch«. Beides fühlt sich komisch an, fremd und doch vertraut, ein bisschen verrückt und doch so normal.

Ich erkenne, wie die Alp zu mir ist. Die Alp, sie ist zu mir wie ein guter Vater oder eine gute Mutter. Sie fördert und unterstützt mich. Sie zeigt mir, was in mir steckt. Was ich noch lernen kann, was ich brauche, von dem ich vielleicht bisher gar nichts wusste. Was mir guttut. Die Alp ist wie ein Elternhaus in Kindertagen, ein sicherer Rahmen, in dem ich mich ausprobieren und entfalten kann, auf vielfältigste Weise, mit jeder Faser meines Körpers. Auf der Alp geht es nicht darum, was ich darstelle, sondern darum, wer ich bin. Hauptsache, ich bin pünktlich um halb sechs im Stall. Es ist egal, was ich in meinem Leben schon geleistet habe. Hauptsache, ich packe jetzt mit an. Was zählt, ist das gegenseitige Vertrauen, in der engen Hütte genauso wie am Berg. Dass ich mich zu hundert Prozent einbringe und wir alle an demselben Strang ziehen. Oder anders: dass wir miteinander im Gleichgewicht sind.

»Du weißt gar nicht, wie stark du bist«, hat Markus einmal zu mir gesagt. Ist das nicht wirklich so? Können wir nicht tatsächlich mehr, als wir denken, mehr erreichen, mehr aushalten, als wir annehmen? Was ich hineingebe, bekomme ich bei Familie Aeby, von den Tieren und der Natur, doppelt und dreifach zurück. *Ich will unbedingt wieder zurück*, ist der letzte Eintrag in mein Tagebuch auf dem Rückflug, bevor ich noch einmal die Augen schließe.

Im Dorf sind die Sommerferien eingekehrt. Endlich können auch die Buben Vollzeit auf der Alp sein. Das Hin und Her an den Wochenenden und einmal unter der Woche hat ein Ende, und vor allem ist das Auf und Ab im Herzen vorbei. Vereint mit ihrer Familie, verschmolzen mit ihrem Element, blühen sie voll auf. Am Vormittag haben sie Markus und mir dabei geholfen, die Rinder einzutreiben. Dann haben sie uns von der Sicherheit der Heubühne über dem Stall aus beim Anbinden der Tiere zugeschaut. Für den Nachmittag hat Markus, der selbst mit dem Auspumpen des Güllelochs beschäftigt sein wird, für mich vorgesehen, dass ich ein zweihundert Kilogramm schweres Stromkabel vom Seelihus zum Seeli verlege. Beim Seeli soll eine Pumpstation installiert werden, die Wasser in eine Tränke auf die höchstgelegene Weide pumpen soll.

Als Helfer habe ich Yves und Pascal an meiner Seite. Nun liegt es in der Natur einer Alp, dass die Wahrscheinlichkeit, dass man bei einer Arbeit keine Höhenmeter zurückzulegen braucht, gegen null geht. So stelle ich entmutigt fest, dass das Zweihundert-Kilo-Kabel nicht nur zu verlegen, sondern – natürlich – bergauf zu verlegen ist. Gut, also zunächst etwa hundert Meter geradeaus über den Vorplatz und die Weide und erst dann steil die Weide hoch bis zum See.

Leider mangelt es an einer brauchbaren Verankerung für die riesige Kabeltrommel. So sind die Buben und ich erst einmal damit beschäftigt, das dicke, steife Stromkabel vollständig von der Rolle herunterzuholen, ohne dass uns dabei die Zweihundert-Kilo-Walze über die Füße rollt – und ohne dass sich das abgewickelte Kabel dabei verheddert. Stück für Stück ziehen wir das Kabel über die Weide, dann ein Stück den Berg hinauf. ›Wahnsinn. Ich kann jetzt schon nicht mehr.‹ Ich muss erst einmal stehen bleiben und wieder Kraft schöpfen.

»Wartet mal, Jungs!« ›Dieses verdammte Ding ist aber auch scheißschwer. Das kann ja noch heiter werden. Und wir sind erst am Fuße des Berges. Was hat Markus sich dabei gedacht?‹ Ich muss es einfach wissen und frage Yves und Pascal: »Wisst ihr noch, wer diese Arbeit letztes Jahr gemacht hat?«

Eintönig kommt es zurück: »Ja, Pappi.«

Ich will etwas erwidern, klappe meinen Mund aber wieder zu und blicke stattdessen zum Gülleloch drüben bei der Salzmatt, wo Markus seelenruhig mit einer Stange in der Gülle stochert. Es kann nicht anders sein. Heute will mein Chef mich testen.

Jetzt kommt das schwerste, nämlich steilste Stück. Ich finde einen Felsen, gegen den ich mein linkes Bein stemmen kann. Immer fünfmal ziehe ich nun jeweils eine gestreckte Armlänge Kabel nach oben, dann muss ich verschnaufen. Pascal hilft mir, so gut es geht, und Yves sorgt unten dafür, dass das Kabel problemlos laufen kann. Zum Gülleloch schauen, Luft holen, nicht ärgern, ausatmen und los: eins, zwei, drei, vier, fünf, zum Gülleloch schauen, Luft holen, nicht ärgern, ausatmen und los: eins, zwei, drei, vier, fünf, …

Beim Abendessen kann ich mir nicht verkneifen, Markus zu fragen, ob er mich irgendwie hat auf die Probe stellen wollen. Er versteht gar nicht, wie ich auf diese Frage komme. Er begegnet in seinem Leben wahrscheinlich einfach häufiger Frauen, die zweihundert Kilo einen Berg hinaufbewegen.

Phänomene

In meinem Tagebuch notiere ich, was ich mit *Phänomene* überschreibe: Entdeckungen an mir selbst, die für mich neu sind.

Wie ich die Ohren spitze und den Kopf hebe, wenn ich aus der Ferne ein Auto heranfahren höre. Überflüssig zu erwähnen, dass mir das in Köln oder Hamburg nicht passiert ist.

Wie ich meine Stimme beim Treiben und Locken der Tiere – »hopphopp«, »chommchoom«, »so hü itze« – als Arbeitsinstrument einsetze.

Wie viel ich als Rechtshänderin mit links arbeite!

Wie kräftig ich werde.

Wie sehr ich mich an strengen Tagen aufs Abendmelken freue, weil mittlerweile alle Handgriffe sitzen und das Melken für mich körperlich nicht mehr schwer ist.

Wie sehr ich mich an kalt-nassen Tagen aufs Abendmelken freue, weil der Ziegenstall der wärmste Ort auf der Alp ist.

Wie komisch sich eine Jeans anfühlt, wenn ich mal eine anziehe, um Stefanie beim Servieren auf der Terrasse zu helfen.

Wie ich manchmal wie ein Kind vor Müdigkeit nur noch heulen könnte.

Wie groß meine Vorfreude auf besondere Ereignisse ist.

Wie ich erkenne, dass ich niemandem etwas beweisen muss, weil es immer nur um die Sache geht.

Wie ich mir mehr und mehr vorstellen kann, dass es das Alpfieber, diese Sehnsucht, jedes Jahr wieder z'Bäärg gehen zu wollen, tatsächlich gibt.

Zwar nicht auf meiner Liste, aber definitiv ein Phänomen ist in diesem Sommer das Wetter. Es ist nämlich hauptsächlich eines: nass, stürmisch und kalt, und kalt bedeutet Tageshöchstwerte von sieben, zwölf oder 14 Grad. Dass wir abends mal draußen sitzen können oder ich mir meine Kamera schnappe, um im Abendlicht Bergblumen zu fotografieren, hat Seltenheitswert. Im Juli wollte ich mir darüber noch nicht viele Gedanken machen. Aber so langsam lässt es sich nicht mehr leugnen, dass der Sommer einfach saumäßig unterdurchschnittlich ist. Markus hat mit der Heuernte im Tal seine liebe Not. Je mehr es regnet, desto schlechter wird die Grasqualität, nicht nur auf der Heuwiese, sondern auch auf den Weiden. Dabei haben wir noch das Glück, dass unsere Weiden so weit oben liegen und das Wasser gut abfließen kann. Tiefer gelegene Alpen leiden unter Versumpfung. Bis zu den Knöcheln stehen die Rinder mancherorts im Wasser. Ob der Sommer 2014 hier wirklich der regenreichste seit Beginn der Wetteraufzeichnungen ist, wie wir immer wieder diskutieren, müssen Meteorologen klären. Die Schweizerische Rettungsflugwacht Rega, die abgestürzte Tiere aus den Bergen birgt, zählte von Anfang Juni bis Mitte August 801 Einsätze; in demselben Zeitraum im Vorjahr waren es nur 583. Auch wir finden immer mehr Spuren auf den Weiden, die davon zeugen, dass die Tiere auf den nassen, steilen Wiesen ins Rutschen kommen.

Es hilft alles nichts, irgendwann ist Markus bereit, einen Heuerntedurchgang auf der Salzmatt zu wagen. Da aber die Wettervorhersage nicht allzu zuversichtlich klingt, hat er sich nur für ein paar kleinere Flächen entschieden. Wir suchen alle Heugabeln und Rechen zusammen, die wir finden können. Mit dem Jeepli knattern wir zum Seelihus: Markus am Steuer, ich mit Netti auf dem Schoß auf dem Beifahrersitz, Rex auf der Handbremse zwischen Markus, Netti und mir und die drei

Kinder zwischen den Heugabeln auf der Ladefläche. Netti genießt es, dabei sein zu dürfen (und nicht laufen zu müssen), und Rexli bellt aus vollem Halse, während er sich den Fahrtwind um die Nase wehen lässt. »Tue niit, tu das doch nicht«, hält Markus Rexli die Schnauze zu, um ihn gleich darauf zu liebkosen. Das Ritual kenne ich schon. »Gau, Rexli, bist doch der Beste, jaja«, streichelt Markus den Hund, der als Neugeborener genau in seine Hand passte und den er nicht fortgeben konnte, weil ihm in diesem Moment schon sein Herz gehörte. Aus dem Laderaum höre ich aufgeregtes Kinderplappern. Netti blickt ungerührt geradeaus. Nur eine halbe Minute dauert die Fahrt von der Salzmatt zum Seelihus, aber halbe Minuten wie diese machen sich in mir drin ganz breit.

Zuerst bringen wir den roten Motormäher, der im Seelihus überwintert hat, zum Laufen. Dann geht es los, und Markus mäht die kleinen Flächen rund ums Seelihus, der Straße nach bis zur Salzmatt herüber, unterhalb des Kuhstalls und den unteren Abschnitt der Heumatta, der Heuwiese. Die Buben und ich arbeiten hinter unserem Chef her und zette, also verteilen, mit den Heugabeln das frisch geschnittene Gras. Indem wir es möglichst ebenmäßig auf der Wiese ausbreiten, kann es welken. Die Jungs sind nur anfangs motiviert.

»Buebe!«, ruft Markus dann und wann, um die Mannschaft wieder anzufeuern.

»Ja-ha«, kommt es gedehnt zurück, und die Heugabeln tanzen wieder für ein Weilchen über die Wiese.

Nach dem Mittagessen geht es ans Wenden. Markus zeigt mir seine Technik: Mit dem Rechen klaubt er etwas Gras zusammen und wirft es in der nächsten Sekunde so geschickt wieder auf die Wiese, dass es nicht nur auf der anderen Seite landet, sondern auch noch hübsch verteilt ist zum perfekten Trocknen. Ich versuche, es ihm gleichzutun. Ich kratze Gras zusammen und setze zum Wurf an. Mein Grashäuflein fliegt ein paar Zentimeter durch die Luft und landet so, wie es abgehoben ist: kompakt und mit der nassen Seite nach unten. Nach ein paar Minuten Üben gebe ich auf und tausche den Rechen wieder gegen eine Heugabel. So komme ich zwar langsamer voran, aber das geht angesichts der ersten Heuernte meines Lebens sicher in Ordnung. Die Hauptsache ist, dass das Gras richtig trocknet, und das ist bei den bescheidenen Temperaturen und dem kaum vorhandenen Sonnenschein eine Herausforderung. Am Abend, als Stefanie und ich in der Küche Pflaumen fürs Einkochen entsteinen, geht Markus daher noch einmal mit der Gabel durch das gemähte Gras.

Der nächste Tag bleibt trocken. Und ich bekomme am Abend von Markus mein erstes richtiges Lob.

»Kathi, du hast heute flott gearbeitet«, sagt Markus zu mir, als wir um kurz nach acht endlich in die Hütte kommen, um etwas zu essen.

Wir haben den ganzen Tag geheut, wenngleich wir nur einen Teil des Heus einbringen konnten. Als am späten Nachmittag die Temperaturen sanken und der Wind auffrischte, wurden wir immer schneller und teilten uns auf, damit es ohne Unterbrechung weitergehen konnte: Stefanie melkte die Kühe, die Buben die Ziegen, und Markus und ich machten beim Heu weiter. Der letzte Akt beim Seelihus war ein regelrechter Endspurt, angefeuert von den dunklen Wolken am Himmel und dem Adrenalin in meinen Adern. Ich gabelte und stopfte das Gras in das Heugebläse, als hinge mein Leben davon ab. Ich wusste gar nicht, dass ich so schnell arbeiten kann.

Das erste Stück Apfelkuchen, mit dem ich meinen Hunger stille, verschlinge ich schweigend und schnell. Erst als die ersten Kalorien in meinem Magen angekommen sind, bin ich wieder fähig zu sprechen und danke Stefanie für die leckere Belohnung. Ich mag mir gar nicht ausmalen, wie es auf manch anderen Alpen zugeht, wo jeder im wahrsten Sinne des Wortes sein eigenes Süppchen kocht. Stefanies Leckereien halten meinen Körper und Geist zusammen, und ich bin mir sicher, dass sie einen bedeutenden Anteil daran haben, dass aus uns hier oben eine Gemeinschaft geworden ist. Ein Team, das Schwieriges zusammen meistert und die schönen Momente miteinander genießt. Auf dem uralten Feuerherd, den sie morgens um Viertel vor sechs fürs Käsen anfeuert, bereitet Stefanie nicht nur die Speisen für uns, für die Wanderer und zweimal täglich Ziegenkäse zu, sondern schafft es auch noch, für den Winter Gemüse und Früchte einzukochen. Gleich zu Beginn der Saison beschwichtigte sie mich angesichts all der Schweizer Leckereien und nonstop Käse, Rahm und Butter: Kein Gramm zunehmen würde ich hier oben, da wäre ich die Erste. Und sie sollte, zumindest bis jetzt, recht behalten. Mein Körper scheint sich verbrennungstechnisch komplett umgestellt zu haben. Er verwertet alles und das schnell, und ich baue augenscheinlich in dem Maße Muskeln auf, wie ich Fett abbaue. An manchen Tagen schaufele ich das Essen nur so in mich hinein, und erstaunlich bald meldet sich schon der nächste Hunger. Zwischenmahlzeiten – Brätzeli, Häärzbrätzela, wie Waffeln hier heißen, der berühmte Nydlechueche, eine Kuchenkomposition, die fast nur aus Sahne und Zucker besteht, und natürlich Schoggola, Schokolade – gehen immer. Oft kocht Stefanie nicht nur mittags, sondern auch abends warme Mahlzeiten und backt noch Brot, wenn unser Vorrat sich dem Ende entgegenneigt. So gut wie alles Fleisch, das wir verzehren, stammt aus dem eigenen Bestand, jegliche Milchprodukte wie Butter, Rahm und Käse sowieso, Salat und Gemüse erntet Stefanie im Alpgarten und mit Obst versorgen uns Freunde und Verwandte.

Kulinarisch schwebe ich auf Wolke sieben. Ich kann mich immer satt essen und Kraft für das körperliche Arbeiten tanken. Und mich moralisch wieder aufpäppeln lassen: Wenn ich nass und durchgefroren in die Hütte komme, erwartet mich so manches Mal eine heiße Suppe, ein dampfender Grießbrei mit Kompott oder ein noch ofenwarmer Kuchen, so wie heute.

Erschöpft und zufrieden gehe ich zu Bett. Wenig später höre ich Regen auf mein Dachfenster trommeln. ›Unser armes Heu‹, denke ich noch, und: ›Das kann ja morgen heiter werden‹, als mich der Schlaf, den irren Donnerschlägen zum Trotz, mit sich reißt.

Mitten in der Nacht erwachen alle, als wir von dem lautesten Gewitter, das ich je erlebt habe, heimgesucht werden. Die Hütte zittert und leuchtet. Es knallt und wackelt. Die Sekunden zwischen Blitz und Donner brauche ich nicht zu zählen, denn es gibt keine. Die Salzmatt ist mittendrin, wir sind mittendrin, um uns herum nichts als Einsamkeit. Gemessen an der Lautstärke der Naturgewalten, die da draußen miteinander ringen, müsste die Hütte schon längst wie ein Kartenhaus zusammengefallen sein.

Ich denke an die Ziegen, die schlechtes Wetter zutiefst verabscheuen, und an Rex, der für die Nacht hoffentlich ins Jeepli oder in den Stall gekrochen sein wird. Bei Gewitter kann er einem wirklich leidtun. Der arme Kerl wird jetzt vor lauter Angst am ganzen Körper zittern und versuchen, sich kleinzumachen und zu verstecken. Es wird noch Stunden dauern, ehe er sich wieder beruhigt hat.

Es ist, als lache die Natur uns aus. Egal, wie sehr wir uns anstrengen, egal, was wir uns vorgenommen haben, sie hat doch immer das letzte Wort. Ein Temperatursturz hier, ein Gewitter da, die schwarze Bise, dieser gemeine, eiskalte Wind, der von links aus dem Muscherenschlund über die Salzmatt pfeift und durch Mark und Bein geht – auf der Alp erlebe ich die Allmacht der Natur mit jeder Faser. Weil ich ihr hier näher bin als in meinem anderen Leben in der Stadt. Und weil ich hier spürbar von ihr abhänge, ganz unmittelbar, jeden Tag. Vielleicht kann ich jetzt lernen, dass im Leben vieles eben nicht planbar ist, und wenn vielleicht doch planbar, so bleibt es aber doch immer veränderbar. Durchkreuzbar. Egal, in welche Richtung.

Als ich Markus am Morgen beim Melken begegne, hat er den Stromkasten, der beim Kuhstall an der Wand hängt und über den ein Teil der Stromzäune läuft, schon gecheckt. »Der Strom schlägt nicht richtig, Kathi. Heute Nacht muss ein Stromzaun kaputtgegangen sein«, sagt Markus mit besorgter Miene. »Du musst nachher unbedingt schauen, was da los ist.« Er selbst muss nach unten ins Tal und die Strohlieferung für den Winter entgegennehmen. Nach dem Zmoorge ist es wenigstens trocken, sodass ich die Tiere rauslassen und ausmisten kann. Dann trommle ich die Kinder zusammen, Yves, Pascal und zwei Ferienkinder, stecke mein Handy ein und kappe die zentrale Stomversorgung der Elektrozäune. Das mulmige Gefühl, das ich mit mir herumtrage, versuche ich für mich zu behalten. Aufgeregt spekulieren die vier Buben, was heute Nacht am Berg alles passiert sein könnte. Seit vor ein paar Tagen nach besonders heftigen Regenfällen eines unserer Rinder ein paar Hundert Höhenmeter hinabgerutscht (die Rutschspuren waren deutlich zu sehen), zum Glück aber unversehrt geblieben ist, ist die Fantasie der Buben beflügelt.

Zuerst steigen wir in den Ritz auf. Ich zähle die Rinder, und die Jungs kontrollieren die Zäune. Beim Skilift treffen wir uns wieder. Dann sehen wir es: Ein Teil der Böschung wurde abgeschwemmt und hat ein Stück Stromzaun mit sich gerissen! Aber der Schaden ist nicht groß, und wir können ihn an Ort und Stelle beheben. Vom Lift aus steigen wir zum Seeli ab, um auch hier die Zäune zu überprüfen. Wir entdecken, dass das Wasser über Nacht dermaßen angestiegen ist, dass ein Stromdraht jetzt unter Wasser steht! Yves erklärt sich bereit, mit nackten Füßen in das eiskalte Wasser zu steigen und den Draht von dem überfluteten Zaunpfahl zu befreien, damit wir ihn anderweitig fixieren können. Die Kinder sind aufgeregt und stolz, dass wir zwei »Unglücksstellen« gefunden haben.

Als wir zur Salzmatt zurückkommen, schlägt der Strom am Stromkasten beim Kuhstall jedoch weiterhin nicht richtig. Da Nebel aufgezogen ist und es wieder zu regnen beginnt, schicke ich die Jungs zu Stefanie in die Hütte und mache mich allein auf den Weg ins Galutzi. Auch auf dieser Seite der Alp stehen ein paar Stromzäune, und außerdem muss ich noch nach den Rindern schauen.

Ich gehe zum hinteren Ende des Galutzi. Ich erinnere mich, dass ich hier vor ein paar Wochen einen Stromzaun aufgebaut habe, der ein besonders steiles Stück Hang hinunter bis zum Abschlusszaun der Salzmatt führt. Er ist mein Ziel. Hier sind die Rinder nur selten unterwegs. Das Gras ist fast hüfthoch und ärgert mich beim Gehen. Der Boden ist weich, voller tiefer, wassergefüllter Furchen. Um beim Absteigen nicht auszurutschen, halte ich mich an allem fest, was die Weide hergibt: an Farnen, Wurzeln, kniehohen Büschen, kleinen Fichten. Mittlerweile ist der Nebel so dicht wie der Regen, und ich bin klitschnass. Und der Zaun stellt sich als völlig in Ordnung heraus. Wenigstens wird mir ein bisschen warm, als ich mich den Berg wieder hinaufkämpfe. Jetzt bleibt nur noch ein Stromzaun übrig: der durch den Graben.

Ich folge zunächst ein paar Hundert Meter dem Wanderweg zurück in Richtung Salzmatt, bevor ich nach rechts abbiege. Mit zusammengekniffenen Lippen mache ich mich an den Abstieg. Je näher ich dem Graben entgegenrutsche, desto sicherer bin ich mir, dass hier etwas passiert sein muss. Und so ist es auch. Beim unteren Übergang sind die Ränder des Grabens regelrecht weggeschwemmt worden. Aus allen Richtungen ist das Wasser zum Graben hin geschossen. Das auf dem Boden liegende Gras zeugt von den Wassermassen, die es heute Nacht zu Boden gedrückt haben. Von dem Zaun, den ich hier vor ein paar Wochen aufgebaut habe, ist nicht mehr viel zu sehen. Kreuz und quer liegen Pfahlstücke und Drahtfetzen zwischen Erdmassen, Wurzelwerk und Gestein. Zum Glück befinden sich auf dieser Weide gerade keine Rinder, sodass ich niemanden in Sicherheit zu bringen brauche. Mit dem Handy mache ich ein paar Fotos, damit ich den anderen zeigen kann, was passiert ist. Als ich endlich zurück zur Hütte komme und mich aus den nassen Sachen schäle, bin ich drei Stunden unterwegs gewesen. Ich war drei Stunden lang im weltbesten Lehrgang für Verantwortung.

Gleichgewicht

Ich setze in meinem Tagebuch einen Haken hinter die elfte Alpwoche. Schon längst haben wir Bergfest gefeiert, und das mit einem riesigen Höhenfeuer, Barbecue und Torte, denn praktischerweise liegt der Schweizer Nationalfeiertag am 1. August genau in der Mitte unseres Bergsommers.

Ich habe das Gefühl, jeden Tag zu wachsen. Jede Erfahrung ergänzt mich wie ein Puzzleteil. Alles gehört dazu. Ein neu gelernter Handgriff. Eine neue Aufgabe. Jeder Muskelkater, jede hinuntergeschluckte Träne. Die Geschichten aus vergangenen Sommern, die Stefanie und Markus mir abends, wenn die Kinder im Bett sind, erzählen. Der Mond über der Kaiseregg. Das Stolpern im Herzen, wenn ich ein verlorenes Rind wiederfinde. Wendis Kuhbauch, der nach Aprikosen duftet.

In den zurückliegenden elf Wochen ist mein Puzzle überdurchschnittlich schnell gewachsen. Es ist nicht so, dass ich in meinem Leben nicht immer mal wieder dafür gesorgt hätte, neue Erfahrungen zu machen. Aber das hier ist etwas anderes. Nicht nur, weil ich mit der Zeit tiefer eintauche und alles kennenlerne, die Menschen, die Tiere, das Land, die Geschichten. Sondern ich glaube, es liegt vor allem an dem natürlichen Rhythmus, in dem wir uns bewegen. Das ist so anders als mein früherer Arbeitsalltag, der jahrelang von Terminwahnsinn bestimmt worden ist. Im Winter haben wir Reisekataloge für den übernächsten Sommer vorbereitet, und im Sommer haben wir uns den Kopf über Osteraktionen zerbrochen. Ein Kommafehler in einem Prospekt hatte, auch wenn die Wellen hochschlugen, keine ernsten Konsequenzen. Ein Loch im Zaun hier oben schon.

Die Spielregeln auf der Alp sind einfach, natürlich eben, und so fällt es mir leicht, mich ihnen hinzugeben. Als im Frühling die Natur so weit war, sind wir mit den Tieren nach oben gekommen. Wir stehen mit den Tieren auf. Wir arbeiten das, was das Wetter hergibt. Wir kochen, käsen und heizen mit Feuer, trinken Wasser direkt aus der Quelle. Satt machen uns zu einem guten Teil die Lebensmittel aus Garten und Stall, glücklich die Momente, wenn wir alle beisammensitzen und erzählen. Und wenn die Wiesen abgefressen sind und auf den Bergen der Herbst Einzug hält, schließt sich das Kapitel Alp von ganz allein. »Älpler haben zwei Leben«, hat der Hirt der

Nachbaralp einmal zu mir gesagt. »Eines davon endet jedes Jahr im Herbst.«

Alles ist logisch. Alles greift ineinander. Alles gehört genau hierher. Das scheint das Rezept für Gleichgewicht zu sein.

»Du wirst sehen, nach dem 1. August wird der Sommer schnell zu Ende gehen«, hat Stefanie mir einmal in Aussicht gestellt. Und so erlebe ich es tatsächlich. Als ob jemand an der Uhr gedreht hätte, fühlt sich der Lauf der Dinge jetzt schneller an. Und gleichzeitig schleicht sich ganz langsam ein Hauch von Melancholie ein.

Markus hat schon damit begonnen, mir zu erklären, welche Vorbereitungsarbeiten für den Winter anstehen. In Stefanies Garten sind die ersten Zwiebeln und Möhren erntereif, und wenn ich ihr nach dem Melken die Ziegenmilch fürs Käsen bringe, sind es mit jedem Mal ein paar Deziliter weniger.

»Es ist Herbst«, habe ich Stefanie schon öfter zu Besuchern sagen hören, wenn ihr Blick über die mehr gelben als grünen Weiden schweifte.

Für mich wird es aber noch bis zum 2. September dauern, bis ich mir in meinem Tagebuch eingestehen werde: *Der Sommer wird nicht mehr kommen.*

Für den Besuch meines Bruders Flo und seiner Freundin Tina, die sich für eine Nacht angekündigt haben, ist leider auch schlechtes Wetter gemeldet. Aber noch ist es trocken, und Markus und ich machen auf der Hüttli-Weide aus einer umgefallenen Fichte Zaunpfähle. Am anstrengendsten ist das Schinte. Normalerweise wird der Stamm geschält, wenn er noch als Ganzes am Boden liegt, und dafür wäre ein Schintyse praktisch, ein Rindenschäler am langen Stiel. Aber wir haben nur Äxte dabei, und der Baum ist bereits in 1,55 Meter lange Stücke zerteilt. Gebückt stehe ich über meinem Stammstück und versuche, die Rinde abzumachen. Ich komme nur zentimeterweise voran, was nicht nur damit zusammenhängt, dass das Holz nicht mehr im Saft steht. Um die kontrollierte Führung meines Bieli, meines Beils, ist es einfach nicht allzu gut bestellt.

Seite an Seite mit Markus beobachte ich den Unterschied zwischen Meister und Schülerin. Bei Markus sitzt jeder Hieb. Das Bieli greift gerade so tief unter die Rinde, dass er sie wegschieben kann, ohne das Holz zu verletzen. Meine Hiebe hingegen fallen ziemlich willkürlich aus, egal wie sehr ich mich konzentriere. Ab und an blicke ich nach oben in die Richtung, aus der jeden Moment meine Besucher kommen könnten. Stefanie würde sie entlang der Telefonleitung zu uns herabschicken, falls sie schon vor dem Melken ankommen sollten. ›Wie würde die Szene wohl auf sie wirken‹, überlege ich, auch als ich später auf den Zaunpfählen auf dem Waldboden hocke, damit Markus sie mit der Motorsäge spitzen kann.

Rex und Netti bemerken das herannahende Auto als Erste. Sie laufen bellend am Ziegenstall vorbei in Richtung Parkplatz, die Kinder im Schlepptau. Ich setze noch schnell das Melkzeug an der nächsten Ziege an, und dann hält auch mich nichts mehr im Stall. Umringt von zwei Hunden und drei Kindern stehen Tina und Flo lachend auf dem Parkplatz. Trotz meiner schmutzigen Stallklamotten umarmen wir uns herzlich, der eifersüchtige Rex irgendwo zwischen meinen Beinen. In diesen Sekunden wird aus meiner Vorfreude eine Erinnerung.

Ich stelle den Ankömmlingen den bunten Haufen aus Kindern und Hunden vor und ziehe sie mit zum Ziegenstall. Die Eindrücke müssen auf die beiden nur so einprasseln.

»Wahnsinn«, sagt Tina, »verrückt«, sagt Flo.

Finde ich auch. Es ist wahnsinnig toll und verrückt schön, die beiden hier zu haben.

Was wir gemeinsam auf der Salzmatt erleben, brennt sich detailgetreu wie kaum eine andere Alperinnerung in mein Gedächtnis ein. Vielleicht, weil zum ersten Mal jemand von meiner Familie da ist. Vielleicht, weil ich mich Flo ganz besonders verbunden fühle, weil wir zusammen groß geworden sind. Vielleicht, weil mir ein einzigartiges, ein unwiederbringliches Andenken geschenkt werden soll.

Wie der abendliche Spaziergang mit Alp-Crashkurs, bei dem ein stieriges Rind es auf Tina abgesehen hat. Wie Flo und Tina begeistert unseren Käse probieren, oder wie sie, die beiden Architekten, die Holzkonstruktion im Seelihus bewundern. Das Kartenspielen mit den Kindern, Langschläfer Flo morgens im Ziegenstall. Und schließlich, wie Flo und ich in Nebel und Regen in den Ritz steigen, um die Rinder zu zählen, und Flo plötzlich irgendwo auf der Weide zurückbleibt. Ich merke es erst, als ich schon einige Meter höher bin.

»Willst du nicht mehr?«, rufe ich, in der Hoffnung, dass er mich durch den Regen hören kann.

»Doch, ich will noch, aber ich kann nicht mehr«, kommt zurück. Ich instruiere Rex, bei Flo zu bleiben, und schicke ihn zu ihm.

»Flo, ich muss jetzt noch weiter nach oben, bis ich alle Rinder gesehen habe. Wenn du dich ausgeruht hast, gehst du in diese Richtung, bis du auf den Wanderweg kommst. Warte dort auf mich!«, instruiere ich nun auch Flo und stapfe los.

Ich bin froh, dass er mir seine Grenze aufgezeigt hat, und stolz auf Rex, dass er bei ihm bleibt. Als ich die beiden später wie ausgemacht am Wanderweg treffe, machen wir das einzige Foto, das es von Flo auf der Salzmatt gibt. Wäre es trocken gewesen, hätte er, der Zeichner, Skizzenbuch und Bleistift aus dem Rucksack geholt, sich auf einen Stein gehockt und gezeichnet.

DNA

Es gibt Tage, da haben wir die Alp ganz für uns allein. Am Anfang der Bergsaison, als die Rinder noch nicht da waren und die Blumen noch nicht blühten, war das häufiger der Fall. Da kam kaum ein Besucher auf Verdacht hinauf. Erst als es sich im Tal herumgesprochen hatte, dass die Rinder zur Sommerfrische aufgebrochen waren, steckten nach und nach Stefanies Stammkunden ihre Nasen zur Hüttentür herein, tranken einen Bäärgggaffi, einen Bergkaffee mit Schuss, und holten sich neben Käse auch Antworten auf ihre Fragen.

»Wenn syy Gguschteni cho?« – Wann sind die Rinder gekommen?

»Isch Markus dune?« – Ist Markus unten (also: im Heu)?

»Gää si Mülch?« – Geben sie (die Kühe, die Ziegen) Milch? (Meint zum Beispiel: Haben sie den Umzug von unten nach oben gut verkraftet?)

»Häts Chrutt?« – Gibt's Gras? (Ist im Frühjahr schon genug gewachsen, ist im Herbst noch genug da?)

Jetzt bei dem unbeständigen Wetter kehrt regelmäßig Ruhe auf der Salzmatt ein. Wer nicht unbedingt muss, bleibt im Tal. Nur die Ferienkinder lassen sich nicht beirren und ziehen ihren Alpaufenthalt, so wie wir, bei jedem Wetter durch.

An manchen Tagen hingegen geht es zu wie im Taubenschlag. Dann sitzen wir zu jeder Mahlzeit in einer anderen Konstellation am Küchentisch. Mal kommt ein Freund von

Aeybs vorbei, einen Kuchen unter dem Arm, und melkt am Abend die Kühe, einfach weil er es liebt. Mal kündigt sich Verwandtschaft zum Grillen an, mal taucht Markus' Freund Hanspeter mit seinen Buben zu einem Arbeitseinsatz auf. Manchmal kommt auch ein Bauer vorbei, um nach seinen Rindern zu schauen, und ab und an besuchen uns Nachbarn der Familie aus dem Dorf und erinnern mich daran, wie toll ich das senslerdeutsche Wort für Nachbar finde: Nachpuur. Das heißt wörtlich übersetzt Nachbauer, und ich habe entdeckt, dass in der hochdeutschen Silbe -bar offensichtlich der -bauer steckt. Ein Wort aus einer anderen Zeit …

Die Anteilnahme der Besucher an unserem Leben auf der Alp versetzt mich in Erstaunen. Auch wenn sich die immer gleichen Fragen wie Floskeln anhören mögen, steckt dahinter echtes Interesse. Und zwar nicht, weil das, was wir hier oben machen, irgendwie exotisch ist, besonders oder besonders mutig. Nein, weil es in dieser Gegend einfach dazu gehört, dass ein Teil der Bevölkerung im Frühling z'Bäärg geht, um die Tiere gut über den Sommer zu bringen.

Nicht nur für die Hirtenfamilien, die im Frühjahr auf die Alp zügeln, scheint sich das Leben zu verändern. Auch für die, die zurückbleiben: Auf den Weiden in den Tälern sind kaum mehr Tiere zu sehen, und über den Sommer verteilt prägt vor allem die Heuernte die Landschaft. Dafür zieht ein Teil des Lebens in die Berge, und ihm folgen dann und wann die Dörfler, um daran teilzuhaben.

Mir kommen auch die Beziehungen intensiver vor. Natürlich gibt es hier oben ebenfalls Leute, denen angesichts eines atemberaubenden Sonnenuntergangs als Erstes ein Selfie einfällt und die dann nach Empfang suchend über die Wiesen stolpern. Oder Wanderer, die sich an den Tieren mit den klingenden Glocken erfreuen, aber zugleich über die Zäune meckern. Aber die meisten, denke ich, möchten einfach ein Stück weit am Alpsommer teilhaben.

Je besser ich das Senslerdeutsch verstehe, desto mehr bekomme ich mit, wie viel die Besucher sich mit Markus und Stefanie über die Landwirtschaft austauschen. Über die Basics, würde man in Köln sagen, einfach über das Wichtigste: Wetter, Gesundheit, Heuernte. Und das ist es hier auch tatsächlich, das Wichtigste, weil der Anteil derer, die in diesem Landstrich in der Landwirtschaft und damit verbundenen Bereichen tätig sind, hoch sein muss. Junge Menschen lassen sich zum Landmaschinenmechaniker, Schlachter, Forstwirt oder Landwirt ausbilden, eine Freundin von Stefanie wird Maurerin und hilft ihrer Mutter auf dem Hof. Wer welches Heu eingeholt hat und welche Tiere auf welcher Weide sind, wer schon das Holz für den Winter gerüstet hat oder wer gerade seinen Stall vergrößern möchte, wird heiß diskutiert. Wobei wir uns genauso über Neuigkeiten von unten freuen wie unsere Gäste sich darüber, Geschichten von der Alp mit nach Hause zu nehmen.

Aber das wird bei einem Stammtisch von Immobilienmaklern auch nicht anders sein, das Fachsimpeln, das Vergleichen, das Politisieren. Der Unterschied ist, dass die Landwirtschaft hier viele Menschen berührt, nicht nur die Bauern selbst. Als ob sie ein Teil der DNA der Landbevölkerung ist.

Holz

Ich stehe inmitten von Sägemehl. Auf meinem linken Oberschenkel habe ich die laufende Motorsäge abgestellt. Ich lockere den Griff der rechten Hand, damit sie sich kurz ausruhen kann, und entlaste für ein paar Sekunden auch den

Unterarm. Durch den Pamir auf meinen Ohren höre ich die große Motorsäge von Markus' Freund Valentin heulen. Ich schaue über meine rechte Schulter schräg hinter mich: Auf einem flink auf die Beine gestellten Bock sägt Valentin Stammstücke auf, erst in Hälften, dann jede Hälfte in drei oder vier zaunpfahldicke Stangen. Markus hilft ihm beim Auflegen und Drehen der zu zersägenden Hölzer. Für einen Moment begegnen sich unsere Blicke, und mein Grinsen steckt ihn an.

Unsere Werkbank ist unkonventionell, aber sie funktioniert wie am Schnürchen: Die zurechtgesägten Schwüre wirft Markus auf den Haufen zu Pascal hinüber. Dieser reicht wiederum Yves, der vor mir auf dem Waldboden hockt, einen Schwüre nach dem anderen, mit dem dickeren Ende in meine Richtung, sodass Yves ihn in die Kerbe auf dem Baumstumpf vor sich legen kann. Pro Schwüre mache ich dann vier Schnitte mit der Motorsäge, das ergibt die Spitze des Zaunpfahls, mit der man ihn in den Boden rammen kann. Nach den ersten zwei Schnitten dreht Yves den Pfahl um neunzig Grad. Jetzt ist es wieder so weit: Der nächste Schwüre liegt für mich in der Kerbe bereit. Ich nehme das Gewicht der Motorsäge auf und setze zum Schnitt an. So könnte es ewig weitergehen. Aufhören kommt erst infrage, wenn der Tank leer ist.

Und mein Kopf, was macht der so? Der fragt sich gerade, ob ich zur Forstarbeiterin umschulen soll. Ich gehe dermaßen in der Holzarbeit auf, dass der Gedanke die ersten Hürden der Befremdlichkeit, die mein Gehirn sogleich parat hat, locker nimmt. Seit wir gestern Morgen mit dem Holzen begonnen haben, steht mein Zufriedenheitspegel auf Dauerhoch.

In der Pause hocken wir uns nebeneinander auf den Sägebock. Rexli gesellt sich zu uns und macht sich im Sägemehl breit. Ich verteile Byssgguys – ein Wort, das man laut aussprechen muss, um zu verstehen, was gemeint ist –, Schokolade und Tee. Alle greifen zu wie die Scheunendrescher. Auch der Kalorienverbrauch scheint ein Hoch zu haben.

»Jetzt müsst ihr gleich aufpassen, wir fällen den nächsten Baum«, wendet Valentin sich ernst an die Buben und mich. Valentin verbringt jede freie Minute im Holz und weiß um die Gefahren. »Gau, ihr macht genau, was wir euch sagen«, sagt Valentin sicherheitshalber noch einmal, als er aufsteht, und wartet ab, bis wir alle genickt haben.

Markus und Valentin gehen tiefer in den Wald, einige Meter den Berg hinauf. An ihren Fersen hängen die Buben, die sich nicht entgehen lassen wollen, wie die beiden Männer einen passenden Baum auswählen: einen nicht zu dicken mit möglichst wenigen Ästen. Ich nehme ein Schäleisen zur Hand, entrinde den nächsten Stamm und tauche ab.

Unter meinen Füßen bebt es für einen Moment. Dann steht die Welt für den Bruchteil einer Sekunde still. Langsam klingen das Hinabrauschen des mächtigen Baumes und das Knacken der brechenden Äste in meinen Ohren nach. Die Motorsäge hat Valentin bereits ausgeschaltet. Andächtig sehe ich die Buben zu dem soeben gefällten Waldriesen schauen, dann zu ihrem großen Idol, dem stärksten Mann der Welt, Valentin. Die beiden Männer lassen derweil die Baumkronen, durch die die Fichte sich ihren Weg gebahnt hat, zur Ruhe kommen. Erst, als sich nichts mehr regt, holen sie die Motorsägen hervor und beginnen mit dem Entasten des Stammes, einer am Stock, einer in der Krone.

Wie gut das tut. Wie gut es tut, mit Bedacht arbeiten zu können und den Dingen die Zeit zu geben, die sie brauchen. Wie oft haben Markus und ich in den letzten Wochen immer wieder genau darüber in Einigkeit geschmunzelt!

Egal was wir gerade machten, es waren immer Geduld und Übersicht, die zwei zu eins über die Eile siegten. »Nä-äh, nein, nein«, sagte Markus laut zu sich selbst, wenn er sich dabei ertappte, dass er einen Handgriff mal eben schwuppdiwupp machen wollte – und der Misserfolg sich bereits abzeichnete. Statt des schneller eingeschlagenen Nagels hätten wir wahlweise gehabt:

Dellen im Holz,

einen blauen Daumennagel,

einen krumm und schief eingehauenen Nagel,

Zeitverlust, weil wir den Fehler ausbügeln mussten.

Wir sind dann lieber wieder zurückgerudert und haben den Arbeitsschritt noch einmal in Ruhe von vorne ausgeführt. Ist doch komisch, dass ich bis hierherkommen musste, um endlich mal einen Arbeitsplatz kennenzulernen, bei dem es nicht um immer-schneller-aber-natürlich-ohne-Verlust-an-der-Qualität geht.

Wer sich nicht in Geduld und Übersicht übt, wer versucht, sich über die Natur zu stellen und sie auszutricksen, hat im Holz keinen Platz. So ist das Holzen auf der Alp vielleicht die Königsdisziplin.

Am nächsten Tag knacken wir die Vierhunderter-Marke: Über vierhundert Zaunpfähle sind fertig! Markus ist glücklich, Valentin ist zufrieden, ich bin erleichtert.

Als wir neulich an dem Tag, an dem Flo und Tina zu Besuch kamen, aus der umgefallenen Fichte Zaunpfähle machten, schafften wir etwa fünfzig.

»Was meinst du, Kathi, wie viele neue Schwüre brauchen wir jedes Jahr?«, fragte Markus mich, als wir das Werkzeug zusammenpackten.

Ich antwortete fröhlich, dass ja sicherlich die fünfzig, die wir gerade angefertigt hatten, reichten.

»Nein, Kathi, nicht ganz. Wir müssen jeden Sommer vierhundert bis sechshundert Schwüre machen, damit wir im nächsten Jahr genug haben«, erklärte mir Markus, und ich staunte nicht schlecht.

Und jetzt haben wir in zwei Tagen über vierhundert Zaunpfähle gemacht! Dank der besten Teamarbeit meines Lebens.

Ernte

So schaffen wir eine um die andere Arbeit, und der Alpsommer, der ein Herbst ist, schreitet voran.

Ohne es bewusst zu wollen, blicke ich jetzt immer mal wieder auf das schon Erlebte zurück, von dem ich nicht hätte ahnen können, dass es hier in dieser Fülle auf mich wartet. So manch neue Routine habe ich lieb gewonnen, so manches Tal durchwandert, und mancher Augenblick ist von einem Zauber beseelt, wie ich ihn nicht kannte.

Seit dem Morgen, als ich um kurz nach fünf unter dem funkelnden Sternenzelt die Kühe fürs Melken eingesammelt habe, denke ich oft an dessen Magie zurück. Seither, zumindest bei schönem Wetter, beneide ich Markus, wenn er morgens früher als ich aufstehen »darf«, um die Kühe in den Stall zu holen. Heute möchte ich das intensive Erlebnis des morgendlichen Küheholens noch einmal wiederholen. Mit Markus' Segen klingelt mein Wecker wieder um fünf Uhr. Heute Nacht hat es heftig geschüttet und gewittert, aber jetzt ist alles ruhig. Am Klofenster checke ich die Lage: Es ist tatsächlich trocken, aber sicherheitshalber nehme ich meinen Hut mit. So stiefele ich mit Hut, Taschenlampe, Hirtenstock, Rex und dieses Mal auch Netti in Richtung Weide.

Nach den ersten Höhenmetern bergab öffnen sich jedoch entgegen meiner Erwartung alle Himmelsschleusen. Von jetzt auf gleich prasselt der heftigste Regen auf mich hernieder, den ich jemals open air erlebt habe. Ich bin sofort bis auf die Haut nass. Netti und Rex ziehen die Schwänze ein. Der Strahl meiner Taschenlampe leuchtet gegen eine Wand aus Regen und Nebel einen halben Meter vor mir. Ich kann nichts erkennen, nicht, wo ich hin- und wo ich reintrete, nicht, wo die Kühe sind, nicht, in welche Richtung ich gehe. Ich muss jetzt vertrauen. Donner und Blitz kommen immer näher. An Umkehren ist nicht zu denken, schließlich habe ich Markus versprochen, die Kühe zu holen.

Jetzt hat das Gewitter mich vollends gefunden. Es blitzt über und neben mir. Überall höre ich das Wasser die Berge hinunterrauschen, und die gewaltigen Donner unterstreichen, dass ich zum falschen Zeitpunkt am falschen Ort bin. Ich spreche mit mir selbst und sage mir, dass es echt doof wäre, schon in meiner ersten Alpsaison vom Blitz erschlagen zu werden. Mithilfe der Blitze, die für Sekundenbruchteile die Landschaft in grelles Licht tauchen, kann ich die Kühe endlich lokalisieren: Sie haben sich in ein kleines Wäldchen am untersten Ende der Weide verkrochen. Wer wollte ihnen das verübeln? Lautstark vertreibe ich sie aus ihrem trockenen Versteck. Ich schreie und fuchtele wild mit dem Stock.

Langsam wie Schnecken quälen wir uns den Berg hinauf. Ich stemme mich gegen das Wetter und versuche, die Funzel vor der Nässe zu schützen. Ich wundere mich, dass die Kühe es nicht eilig haben, ins Trockene zu kommen.

Endlich der Stall, Licht an und Kühe gezählt: ›O no, es sind nur sieben! Chrützsackerment! Wo ist die achte? Wo ist Lotti? Netti, Rex, wir müssen nochmal los!‹ Von Netti und Rex ernte ich nur so etwas wie ein Achselzucken – und weg sind sie. Einen kurzen Moment halte ich selbst in der offenen Stalltür inne und kratze all meine Überwindung zusammen. Ich habe das Gefühl, das Gewitter ist noch schlimmer geworden. Es fallen keine Regentropfen, es schießen Sturzbäche vom Himmel und über die Weiden.

Und dann gehe ich los, nässer kann ich sowieso nicht mehr werden. Ich fluche und rutsche, schlittere und bibbere. Ohne Rex und Netti ist der Abstieg bei diesem Wetter noch unheimlicher. ›Habe ich Lotti in dem kleinen Wäldchen übersehen?‹, überlege ich. Als ich schließlich unten ankomme, ist sie natürlich nicht da. Abermals kommt mir ein Blitz zu Hilfe und zeigt mir, dass Lotti beim Zaun weidet. In einer Entspanntheit, um die ich sie beneide. Ich habe keine Kraft mehr, um sie mit Worten den Berg hinaufzutreiben. Ohne Hunde, aber mit meinem Stock schaffe ich es schließlich in kleinen Etappen. Lotti scheint gar nicht zu verstehen, dass ich es eilig habe und ins Warme will. Aber dass sie mich absichtlich boykottiert, mag ich nicht glauben.

Als ich flätschetnass Markus die Kühe zum Melken übergebe, sagt er: »O Kathi, das tut mir so leid«, und meint es wenigstens genauso.

Und dann soll es Anfang September, die Schule hat schon wieder begonnen, doch plötzlich noch ein paar Sommertage geben. Markus beschließt, aufs Ganze zu gehen. Wir müssen, irgendwie, parallel heuen, unten im Tal und oben auf der Salzmatt. Das Tal erreicht der Spätsommer einen Tag früher, als uns in den Bergen die schwarze Bise noch durch die Kleider kriecht und das Thermometer nicht über fünf Grad klettert. Markus legt unten schon mal los. Als er am Abend nach oben kommt, macht er mit dem Mähen gleich weiter. Es dunkelt bereits. Wir dürfen keine Zeit verlieren.

Eiskalt ist es am nächsten Morgen, als ich um kurz nach halb sechs zum Ziegenstall gehe. Wieder schlägt mir die schwarze Bise entgegen. Scharfkantig zeichnet sich die Kaiseregg gegen den klaren Nachthimmel ab, schwarz und silbern auf Dunkelgrau. Die Sonne geht erst auf, als ich mit dem Waschen des Melkgeschirrs fertig bin. Perfekte Heubedingungen sehen wahrscheinlich anders aus.

Die Heuernte bringt alles durcheinander. Markus und Stefanie gehen gleich nach dem Zmoorgenässe ins Heu. Markus mäht den Rest der Heuwiese und Stefanie zettet hinter ihm her, während ich die Tiere rauslasse und ausmiste und die Sonne sich den Himmel tatsächlich zurückerobert. Dann holen wir ein altertümliches Gerät aus dem Winterlager: einen Heuknecht, der kein Mensch ist, sondern eine Maschine, die Markus so wie den Motormäher vor sich herschieben kann.

»Der Knecht wendet das Heu und das sogar so, dass es sich in Wälme legt«, erklärt mir Stefanie.

Dann muss Markus schon wieder nach unten, und Stefanie und ich bewirten eine große Gästeschar, die die Sonne angelockt hat. Erst am frühen Nachmittag steige ich flink zum Hüttli ab, zähle die Rinder und repariere einen Zaun. Zurück bei der Salzmatt ein Rollentausch: Hanspeter ist gekommen und hilft Stefanie im Heu, ich übernehme die Büvette und melke am Abend nacheinander Kühe und Ziegen. Markus bringt unten die Schulbuben ins Bett und uns um 21 Uhr frisch aus dem Autoradio den Wetterbericht für den nächsten Tag. Das Wetter soll halten.

Heute ist großer Heu-Finaltag. Und nicht nur das. Warum auch immer stallen wir ausgerechnet heute Morgen die 67 Kaiseregg-Rinder ein. ›Wird bestimmt nicht anstrengend genug‹, denke ich, ›da passt das ja noch locker ins Programm.‹

Noch vor dem Mittagessen schütteln wir das Heu, damit es trocknet. Einer von uns muss zwischendurch immer wieder zur Terrasse runterlaufen, um Gäste zu bewirten. Ein Dank an die tapferen Beine! Nach dem Mittagessen sind Stefanie und ich Markus, der im Tal weiterheuen muss, schon wieder los. Stefanie macht die Küche fertig. Ich hänge mich ans Telefon und besorge uns Helfer für später am Nachmittag. Dann ziehen wir mit Rechen das Heu in Wälme. Es ist nicht heiß, aber warm. Das Heumattli ist nicht steil, aber auch nicht flach. Es ist nicht riesig, aber wenn man es von Hand bearbeitet, größer, als ich es vermutet hatte.

Um halb vier taucht der Nachbar zum Helfen auf, um vier Uhr Valentin. Yes! Damit haben wir unseren Arbeitstrupp beisammen. Valentin schwingt sich auf den Schilter, ein grasgrünes, robustes Fahrzeug für die Berglandwirtschaft, made in Switzerland, und fährt ihn auf die Heuwiese. Der Nachbar klettert auf die Ladefläche und verteilt das Heu, das der Schilter automatisch auflädt.

Als Stefanie sieht, dass unser Plan aufgeht, ruft sie mich zum Opel: »Komm, wir lassen schnell die Rinder raus!«

›Ups, die hätte ich fast vergessen. Die sind ja noch im Stall!‹, ertappe ich mich.

Mit Vollgas düsen wir zum Seelihus und lassen die Rinder auf die Weide.

»Ich habe eine Idee. Lass uns den Mist einfach nur in den Stallgang schieben. Richtig sauber machen können wir morgen«, schlägt meine pragmatische Chefin vor, die im Laufe des Sommers schon häufiger für unkonventionelle Lösungen zu haben war.

Gesagt, getan, wir befreien nur die Holzbohlen vom Mist und wünschen diesem eine gute Nacht. Dann drückt Stefanie wieder auf die Tube und rast zurück zum Heu.

Ich kehre per pedes zurück und sammle unterwegs die Kühe ein, hole die Ziegen in den Stall und melke wieder nacheinander beide Parteien. Ich beginne mit den Ziegen, damit ich die Milch schon fürs Käsen aufs Feuer stellen kann. Vom Ziegenstall aus kann ich das Treiben auf der Heuwiese beobachten: Valentin steuert den Schilter, der Nachbar spielt, mit der Heugabel auf dem Heuberg, wieder Gallionsfigur, Stefanie recht die Reste zusammen. Ich arbeite so zeitsparend, wie es geht, um auch wieder schnell beim Heu helfen zu können: Wenn ich eine Ziege an die Melkmaschine angestöpselt habe und weiß, dass ich ein, zwei Minuten habe, erledige ich schon etwas anderes, füttere die Schweine, hole die Kälbchen von der Weide, bringe den Kühen das Kraftfutter, kassiere bei den Wanderern auf der Terrasse ab und lege in der Küche Feuerholz nach. Als ich mit Kultur und Lab den Ziegenkäse ansetze, lege ich einen Zettel mit der Uhrzeit auf den Küchentisch, damit wer auch immer mit dem Käsen weitermachen wird, weiß, wann das Umrühren ansteht, denn dabei kommt es auf genaues Timing an.

Es läuft wie am Schnürchen. Ich bin gerade mit Melken fertig, da rangiert Valentin den voll beladenen Schilter hinter die Hütte und parkt ihn sozusagen mit der Kofferraumseite an der offenen Stalltür. Mit Heugabeln holen wir das schöne, frische Heu in den Stall. Ich hatte ja keine Ahnung, wie viel Platz das Zeug braucht! Bald ist der ganze Stall ein einziger Heuberg. Wo sich die Deckenluke befindet, durch die das Heu auf die Heubühne muss, kann man nur noch erahnen. Als Markus gegen sieben Uhr kommt, sind wir gerade mit dem Abladen der letzten Fuhre fertig – Zeit für eine Pause. Zeit fürs Abendessen.

Nach Brot, Käse, Wurst und Panasch geht's weiter. Markus öffnet von der Heubühne aus die Luke und geht zurück in den Stall. Die Männer gabeln das Heu durch das Loch nach oben, und Stefanie und ich müssen zusehen, dass wir es auf der Bühne schlau verteilt und gepresst bekommen, damit alles reinpasst. Auf allen vieren fangen wir in den Ecken unter der Dachschräge an. Jeden Kubikzentimeter müssen wir ausnutzen und das herrlich fluffige, aber furchtbar voluminöse Heu platzsparend verstauen. Als der Heuberg wächst, kommen wir wieder auf die Füße und stampfen wie die Weintreter in vergangenen Zeiten. Dann muss Stefanie sich um den Ziegenkäse kümmern, und ich muss eine Etage höher klettern. Der Heuhaufen wächst. Ich bin nass geschwitzt. Der Staub kitzelt im Rachen. Mein kompletter Körper ist im Einsatz, die Beine treten, die Arme gabeln. Immer höher muss Markus das Heu zu mir heraufwerfen. Ich kann mich schon an den Deckenbalken abstützen. Plötzlich ist es vorbei.

»Fertig!«, ruft Valentin von ganz unten.

»Füraabe, Feierabend, Kathi«, gibt Markus an mich weiter.

Ich springe vom obersten Heuberg auf den nächsttieferen und rutsche auf dem Po weiter nach unten auf den Bretterboden. Markus hat schon den Besen in der Hand, um rund um die Bodenluke für Ordnung zu sorgen. Als er die Auflageritzen von Grashalmen befreit hat, legen wir die Bretter hinein. Klappe zu, Affe tot, 22 Uhr, anderthalb Schnaps, tschüss Valentin und tausend Dank, Heuträume.

Mutterliebe und Vaterstolz

Der nächste Morgen bricht in Zeitlupe an. Ich bekomme mich kaum aus dem Bett gewuchtet. Beine, Arme, Rücken, Kopf, noch habe ich keine Stelle gefunden, an der der gestrige Tag spurlos vorübergegangen ist. Mir steckt die Heuernte in den Knochen. Sogar Markus' Bewegungen sehen heute etwas unrund aus. Melken und Melkgeschirrwaschen kommen mir nach der Plackerei wie eine nette Freizeitbeschäftigung vor. Auch der Vormittag plätschert dahin. Ich zähle alle Rinder, putze einen Brunnen und mit Markus die Ställe, die Stefanie und ich gestern nur halb sauber gemacht haben, fertig. Am Nachmittag rechen wir auf der Heuwiese die restlichen Halme zusammen, abends lasse ich die Kühe aus dem Stall, während Stefanie eine Gästegruppe bewirtet und Markus eine Pause einlegt. Als ich gerade meine Gummistiefel am Brunnen vom Kuhmist befreit habe, kommt ein knalloranges Audi Cabriolet auf den Parkplatz vorgefahren. Meine Eltern sind da! Nachdem sie sich vor Kurzem überlegt haben, mich zu besuchen, haben sie ziemlich rasch Nägel mit Köpfen gemacht und sich im Tal eine Ferienwohnung genommen.

»Du hast doch gesagt, es führe eine Teerstraße bis zur Salzmatt«, sind Papas erste Worte, als er aus dem Wagen steigt.

»Ja, das ist doch eine, schau«, sage ich mit einer Geste über Teerplatz und Teerstraße. »Wo seid ihr denn hergefahren?«, möchte ich wissen.

»Wir sind genauso gefahren, wie du es uns gesagt hast«, meint Papa.

Mittlerweile ist auch meine Mutter ausgestiegen. Wie so oft hatte sie in Navigationsfragen offensichtlich den richtigen Riecher, denn sie kontert: »Nein, Heinrich, wir hätten da unten nicht links abbiegen dürfen. Hallo Kathi!«

»Hallo Mutti, willkommen auf der Salzmatt!«

»Da war aber keine Teerstraße, da waren Platten und später war es ein steiler Schotterweg mit tiefen Furchen.

Mann, ich bin mit dem Audi so gerade da hochgekommen!«, erzählt Papa aufgeregt.

Langsam wird mir klar, wo sie waren. Bei der Alpkäserei! Den Weg, den sie genommen haben, nehmen wir, wenn wir Käse in den Käsekeller in Plaffeien bringen. Und der hat es in sich, wenn man ihn nicht kennt – und wenn man ein Auto fährt, an das nach Möglichkeit nichts drankommen soll.

Auf den wenigen Metern zur Hütte gebe ich meinen Eltern einen Überblick über die beiden Täler, in die wir blicken, die Ställe und das Gelände. In der Hütte lernen sie Stefanie und Markus kennen, und wir hocken uns dicht beisammen. Ich zeige Fotos und erzähle, erzähle, erzähle.

Wie spannend muss es für Eltern sein, ihr Kind seinen Weg gehen zu sehen! Wie aufregend mitzufiebern, ob die Pläne aufgehen, die Träume wahr werden! Wie weit die Spanne zwischen gutem Rat und grenzenloser Liebe!

Noch vor wenigen Monaten hatte ich Mutti und Papa regelmäßig meinen Kummer über den elendigen Büroalltag geklagt – und sie eines Tages mit der Idee, meine »gute Position« kündigen und auf die Alp gehen zu wollen, überrascht. Ja, Mutti und Papa waren damals meine schärfsten Kritiker. Sie stellten mir die Fragen, die Eltern ihren Kindern eben stellen, die nach dem »wirklich gut überlegt« und »nicht lieber erst einmal abwarten«. Fragen, die von mehr Lebenserfahrung und unerschütterlichem Beschützerinstinkt zeugen und denen ich mich manchmal auch ganz gezielt aussetzte.

Ich habe keine Ahnung, wie meine Eltern es geschafft haben, bei uns fünf Kindern den permanenten Drahtseilakt zwischen Bewahren und Machen lassen hinzubekommen. Denn das Ergebnis war eigentlich immer, dass sie uns unterstützten, sogar dann, wenn wir ihren Rat in den Wind schlugen.

Und so war es schließlich auch, als Papa mich eines freien Tages, als ich vom Tal aus über facetime bei meinen Eltern anrief, fragte: »Sollen wir denn mal auf die Alp kommen?«

Nun kann ich etwas zurückgeben, indem ich Mutti und Papa an meinem Abenteuer teilhaben lasse. Das Käsefondue in der Hütte am nächsten Abend, Papa am Alphorn und Rex an der Seite meiner Eltern, als hätten sie schon immer dazu gehört, sind Erinnerungen, die sie hoffentlich lange begleiten. Und ich werde in den letzten verbleibenden Alpwochen bestimmt noch oft an die Nacht denken, die ich in der Ferienwohnung meiner Eltern verbracht habe. Ohne Stalldienst am Morgen. Mit einer Dusche ohne Anschluss ans Gülleloch, das überzulaufen droht. Und mit einer putzigen Hauskatze statt wildgewordenen Rindern.

Während Mutti und Papa einen Urlaubstag genießen, schreitet bei uns der Herbst voran. Voll steht der Mond am Himmel, als ich zum Melken gehe. Stefanie fährt die Buben in die Schule, Markus bringt Kälbchen Salome zum Metzger, ich lenke mich mit Ausmisten ab. Auch die Rinder spüren, dass der Bergsommer bald zu Ende geht. Die Weiden sind so gut wie abgefressen. Oberhalb des Seelihuses steigen die Tiere jetzt immer weiter hinauf in steiles Gelände, um noch Futter zu finden. Ich gehe ihnen hinterher, um sie herunterzuholen. Die Gefahr eines Absturzes ist die paar Grasbüschel nicht wert. Meine Stimme brauche ich kaum einzusetzen. Mit ruhigen Stockbewegungen dirigiere ich die Tiere in die richtige Richtung. ›Vertraut mir‹, denke ich, ›ich weiß, wo ihr sicher seid.‹ Es geht zum Glück gut. Vor zwei Tagen hat unser Nachbar ein Tier verloren.

An ihrem letzten Abend kommen Mutti und Papa rechtzeitig, um mir beim Ziegenmelken zuzuschauen. Doch vorher muss ich noch die Kühe, die sich freundlicherweise bereits von allein herangepirscht haben, in den Stall holen. Papa steht mit der Kamera bereit. Ich spanne das Seil vor dem Kuhstall, öffne das Törli, lasse die ersten Kühe passieren und gehe zu denen, die noch keine Anstalten machen, sich in Richtung Stall zu bequemen. Als Letzte kann ich Amsla motivieren. Doch die biegt kurz vor dem Ziel auf eine andere Weide ab.

Warum das Törli dorthin offen war? Warum ich nicht vorher überprüft habe, ob es zu ist? Ob wohl der Vorführeffekt erfunden wurde, um der Eitelkeit einen Riegel vorzuschieben? Liebes Universum, sag es mir. Und ich verspreche dir, dass ich wirklich nicht damit angeben wollte, wie toll ich die Kühe in den Stall holen kann!

Fürs Znacht hat Stefanie eine Brotzeit mit allen unseren Käsesorten vorbereitet. Während ich am Spülbecken die Filter und Kessel vom Melken wasche, ist Mutti schon beim Tischdecken eingespannt. Für die Tischmitte hat Stefanie ein großes Holzbrett mit den Käsesorten aus der Alpkäserei, zu der Markus morgens unsere Kuhmilch bringt, vorbereitet: mit Alpkäse, Hauskäse, Alpvacherin, Natur-, Knoblauch-, Kräuter- und Chili-Mutschli, dazu Alpbutter. Auf einer Keramikplatte serviert Stefanie ihre Spezialität des Hauses: frischen Ziegenkäse, der in der ganzen Region beliebt ist.

»Und da in dem großen Topf machst du jetzt gerade Ziegenkäse?«, erkundigt Mutti sich während des Abendessens.

»Ja. Gleich nach dem Melken, als alle Milch im Kessel war, habe ich Lab und Kultur hineingetan. Jetzt ruht alles eine Stunde lang, und erst dann kann ich das erste Mal umrühren«, erklärt Stefanie auf Hochdeutsch.

»Wie lange dauert es, bis der Käse fertig ist?«, fragt Mutti nach.

»Schon morgen früh wird der Käse fertig sein. Der, den wir gleich essen, ist von der Milch von heute Morgen«, berichtet Stefanie und legt Holz im Herd nach. »Wenn ihr möchtet, kann Kathi euch nachher zeigen, wie man käst.« Und das mache ich.

Als Rex und ich meine Eltern zum Auto begleiten, ist es bereits dunkel.

»Hier bist du an einem ganz besonderen Ort. Bei ganz besonderen Menschen«, sagt Papa zum Abschied.

Mit dem Versprechen, weiterhin auf mich aufzupassen, winke ich dem orangen Cabrio hinterher, bis es hinter der ersten Kurve verschwunden ist.

Geschafft

Eine Woche, bevor für die 120 Rinder die Sommerfrische auf der Salzmatt endet, habe ich mir für meine Abzäunaktion einen Spickzettel gemacht. Ich muss die Stromdrähte unbedingt in der richtigen Reihenfolge auf die Kabeltrommel wickeln, damit beim Zäunen im nächsten Frühling wieder die richtigen Drähte auf der richtigen Weide landen. Seeliloch, Seeligrat, Seelihus und Seeli, das sind die Namen der Zaunstrecken, die ich vor mir habe. Nebel zieht auf, und es nieselt leicht. Ich steige ins Seeliloch und löse den Stromdraht von den Zaunpfählen.

Gleich zu Beginn überquere ich eine rutschige Passage. Weiter oben wechseln sich steile Stellen mit kleinen Geröllfeldern ab. Wo der Zaun an einer Felsnase endet, kehre ich um, schraube auf dem Rückweg die Glöggli, die Isolatoren, aus den Zaunpfählen und sammle sie in einem Eimer.

Zurück am Ausgangspunkt hocke ich mich mit der Kabeltrommel auf den Boden und beginne damit, den Viehhüterdraht aufzuwickeln. Doch leider nicht lange. Schon nach wenigen Kurbelumdrehungen ist Schluss. Es geht nicht mehr weiter! Vorsichtig ziehe ich am Draht, um zu prüfen, ob er wirklich festhängt. Er hängt fest, und fester ziehen möchte ich nicht, damit er nicht reißt. Mit einem Seufzer lege ich die Trommel hin und mache mich wieder an den Aufstieg. Dass das Übel erst im hinterletzten Winkel auf mich wartet, überrascht mich nicht. Mit einem weiteren Seufzer löse ich den Kabelsalat und gehe, unterwegs den ungestörten Verlauf des Drahts kontrollierend, zu meiner Trommel zurück.

Bei den anderen Zäunen klappt es besser, und mit der Reihenfolge der Drähte komme ich nicht durcheinander, sodass Markus im Frühjahr alles wohlgeordnet vorfinden sollte. Und so ist das Einzige, worüber ich mich wirklich ärgere, dass ich keine Schokolade mitgenommen habe, denn der Nachmittag wird durch die Extrarunde lang. Auf dem Rückweg zur Salzmatt treibe ich noch die Kühe zum Melken hinüber. Ist ein Mars eigentlich ein Wundermittel oder Medizin? Für mich wahrscheinlich beides.

Als Markus und ich zwei Tage später die Ritzweiden abzäunen, stecken zwei Tafeln Schokolade in meiner Hefttasche. Wir haben das Mittagessen vorverlegt, um uns am Nachmittag mehr Zeit zu verschaffen. Zum letzten Mal gehe ich den Zaun unterhalb des Skilifts entlang bis zum Maarchgraben und dann, das Gipfelkreuz der Kaiseregg im Blick, gerade steil nach oben. Jeder Krampen, den ich aus einem Zaunpfahl ziehe, schickt mich zurück an den Anfang der Bergsaison. Jeder Schwüre, den ich aus dem Boden rüttle und den ich in sein Winterquartier bette, erinnert mich an meine ersten

Alperlebnisse. Höhenmeter für Höhenmeter und Zaunmeter für Zaunmeter schließt sich der Kreis. Sie sind nie für die Ewigkeit bestimmt gewesen, die Weidezäune, und trotzdem trage ich am Gewicht des Gedankens, das, was ich einst aufgebaut habe, wieder abzubrechen. Älplerleben ist ein Leben auf Zeit. Und ein anderes Leben mit der Zeit. Rückkehr, Erwachen, Reifen, Ernten, wie weit entfernt davon ich im Büro doch war. Wie weit weg von der Erkenntnis, dass Fülle nur auf Leere folgen kann. Und dass genau dann Erneuerung geschieht.

Jetzt queren wir die Weide an ihrem oberen Ende und bauen die Zäune bis zum Seeli hinunter ab. Drehen um, bauen bergauf einen anderen Zaun ab. Drehen ein letztes Mal um und zählen beim Abstieg die Rinder eine Weide tiefer.

›Ob sie wohl auch schon an ihre Heimfahrt denken?‹, frage ich mich. ›Ob sie auch jemanden vermissen?‹. Ich sehe Belinda vor mir, die im Frühling ihre Freundin Ronda, die den Alpsommer nicht mehr mitmachen konnte, vergeblich auf der Salzmatt suchte. In den ersten Wochen stand sie oft rufend am Zaun, schaute fragend in unsere Richtung und verzichtete darüber sogar aufs Fressen. Sie rührte mein Herz an.

Nun sitze ich mit den Alptieren im selben Boot. Auch ich weiß nicht, was mich daheim erwartet. Beim Abzäunen denke ich in Dauerschleife darüber nach, wo ich leben möchte und wie sich meine Selbstständigkeit entwickeln wird. Wohnort auswählen. Wohnung suchen. Auto kaufen. Zur Gründungsberatung gehen, zum Finanzamt und zum Gewerbeamt. Familie besuchen, Freunde sehen und endlos duschen (gut, vielleicht andersherum) sind immerhin bereits konkrete Vorhaben.

In der Nacht, bevor die Rinder uns verlassen, wache ich immer wieder auf. Meine Aufregung mischt sich mit der Angst zu verschlafen, denn heute klingelt mein Wecker schon um zehn nach fünf. Weitere Rückwärtserlebnisse erwarten mich. Die Bauern, die uns vor rund hundert Tagen ihre Tiere brachten, holen sie wieder ab. Die Seile, die ich im Juni an die Futterkrippen geknüpft habe, löse ich wieder. Die Mistschaufeln, die wir im Frühjahr aus dem Winterlager hervorgeholt haben, werden wir nach dem letzten Ausmisten der Rinderställe putzen und für acht, neun Monate verstauen. Noch während ich das Melkgeschirr wasche, holt Markus die Salzmatt-Rinder in den Stall. Wir schrauben die Nummernpläcklis von ihren Glocken und packen sie in eine Tüte, griffbereit für nächstes Jahr.

Um halb vier rattert der letzte Traktor mitsamt Anhänger über den Viehrost. Es ist geschafft. Wir sind geschafft. Und haben die Alp wieder für uns. Auf der Suche nach den Ziegen spaziere ich ins Galutzi. Die Weiden links und rechts des Wegs sind abgefressen, die Glocken der Handvoll Rinder von Markus, die mit uns noch auf der Salzmatt bleiben, bimmeln ein einsames Lied. Ich lausche ihren einzelnen Tönen. Der Klangteppich der Glocken der 120 Rinder, über den ich in den letzten Wochen gewandelt bin, ist Geschichte.

Mit einer Stunde Verspätung schaffen die Ziegen und ich es in den Stall. Ob sie von dem Trubel heute etwas mitbekommen haben und deshalb nicht zur Hütte kommen wollten? Gemeinsam halten wir uns am Melkritual fest. Stefanie packt sechs aufgedrehte Kinderaugen, die heute von Schule und Kindergarten befreit gewesen sind, ins Auto, Markus versucht, beim Besuch von Nachbar Gallus aus dem Dorf nicht am Tisch einzuschlafen. Ich lasse die Kühe für die Nacht aus dem Stall. Miste aus. Dusche. Schlafe.

Nach unten

Mit dem Sennenball beschließen die Bauern im Muscherenschlund, die wie wir ihre Kuhmilch in der Alpkäserei Gantrischli verkäsen lassen, den Alpsommer. Seit die Bauern vor zehn Jahren die genossenschaftliche Alpkäserei eröffnet haben, hat sich der Sennenball zu einer lieb gewonnenen Tradition entwickelt. Zum einzigen Mal im Sommer kommen die Hirtenfamilien der Alpen Fenderhaus, Steiners Hohberg, Schönenboden, Salzmatt, Neu Gantrisch, Spittelgantrisch und Wannels zusammen. Einige Gesichter kenne ich noch gar nicht, mit anderen verbinden mich Erlebnisse: Käse zügeln, Gülle ausbringen oder einfach winken, wenn ich an meinen freien Tagen im Muscherenschlund unterwegs war.

Die Kinder sind aufgeregt. Weil heute Freitag und morgen keine Schule ist, dürfen sie mit. Ich freue mich ebenfalls auf einen besonderen Abend, darauf, eine neue Alphütte kennenzulernen und die Gesichter zu den Namen aus den Geschichten, denen ich am Küchentisch der Salzmatt lauschen durfte. Ein Glas Wein trinken, vielleicht einen Schnaps oder zwei und später und müder als sonst ins Bett fallen.

Mit Blick auf das strenge Morgen, unser Zügeln von der Salzmatt ins Tal, und das strenge Übermorgen, das Alpabzugsfest in Plaffeien, belasse ich es bei einem Schnaps. Eng zusammengerückt haben alle Gäste in der Hütte einen Platz gefunden. Die Kinder machen bald ihr eigenes Ding auf der Heubühne. An unserem Randplatz kommen wir nur langsam mit den anderen ins Gespräch. Es dauert bis zum Dessert, bis die Bauern sich zu den Bauern und die Bäuerinnen sich zu den Bäuerinnen setzen. Jetzt kommt doch noch Brauhausstimmung auf. Als ich zum Plumpsklo gehe, überrascht mich in der Ferne das Funkeln von Fribourg. Der Tanz aus künstlichen Lichtern stimmt mich wehmütig. Schön sieht es aus, und obwohl es vor der Hütte empfindlich kalt ist, lasse ich mich einen Moment lang verzaubern.

Als wir kurz vor Mitternacht zurück zur Salzmatt fahren, die Buben jetzt nicht mehr aufgedreht im Kofferraum, sondern die Köpfe auf Stefanies Schultern ruhend, huscht ein junger Fuchs über die Straße und blickt mir durch die Windschutzscheibe direkt ins Herz.

Drei Tage später empfängt mich ein pechschwarzer Sternenhimmel auf meinem morgendlichen Weg zum Stall. Bei einem Grad plus ist es kälter als im Kühlschrank. Zu kalt für meine Ohren. Beim Melkgeschirrwaschen hole ich mir eine Mütze.

Jetzt purzeln die Stunden nur so. Wir rüsten Feuerholz für nächstes Jahr, lösen das Leergutlager der Büvette auf und putzen Brunnen. Motten das Heugebläse ein, bewirten Stammgäste auf ihrer Abschiedstour, hochdruckreinigen die Ställe und zäunen ab, zäunen ab, zäunen ab.

Am vorletzten Abend besuche ich zum letzten Mal die Nachbarin auf der nächsten Alp. So manches Mal haben wir, die wir beide unseren ersten Sommer hier verbracht haben, uns gegenseitig Mut gemacht. So manches Mal haben die Sanftheit und die Erhabenheit der Pferde, die sie alpt, meinen Atem stocken lassen. In strömendem Regen schlittere ich um Viertel nach zehn ihren Berg zur Salzmatt hinunter, die weiße Wand aus Taschenlampenlicht und Regenfäden einen halben Meter vor mir. Per Zufall, denn erkennen kann ich nichts, komme ich genau beim Törchen raus. Nach vier Monaten Alp wandle ich sogar im Dunkeln über die Weiden wie andere Leute zwischen Couch und Klo.

Mein Spaziergang am letzten Abend führt mich noch einmal ins Galutzi. Ich treibe die fünf Rinder von Markus nach hinten, die noch eine Weile auf der Salzmatt bleiben dürfen. Nebelschwaden queren den hellblau-rosa gestreiften Himmel, wie ich es noch nie gesehen habe. Ich vermisse Rex, der schon Feierabend gemacht hat. Zu gern hätte ich ihm jetzt für seine Freundschaft, für sein Bei-mir-Sein gedankt. Mich noch einmal mit ihm ins Gras gesetzt und mich von ihm erobern lassen. Dafür klettert er zuerst von der Seite auf meine Oberschenkel und schenkt mir dann in einem Moment der Unachtsamkeit einen Kuss oder gleich zwei hintereinander.

Immer hatte Rex etwas zu tun. Wenn ich Brennnesseln mähte oder Disteln, riss er Löcher in die Erde, um Mäuse zu finden. Wenn ich einen Brunnen putzte, passte er auf mich auf. Wenn ich ausmistete, leckte er den Boden sauber, und wenn Rinder in den Stall zu treiben waren, arbeiteten wir Hand in Pfote.

Zurück bei der Hütte entlasse ich die Kühe in die Nacht. Dann beladen wir Peters VW-Bus mit Umzugskisten und sehen zu, dass wir ins Bett kommen. Erschöpft realisiere ich, dass ich mich gerade zum letzten Mal auf der Salzmatt schlafen lege, das Läuten der Kuhglocken an meinem Dachfenster, die Kaiseregg an meiner Seite wachend. Ich kann mir gerade noch vornehmen, meine Gefühle und Eindrücke bei nächster Gelegenheit genauer unter die Lupe zu nehmen, da bin ich schon eingeschlafen.

Zwanzig Stunden später sind wir unten. Valentin, der sich frei genommen hat, um uns zu helfen, und mich nehmen die wartenden Kinder als Letzte auf dem Bauernhof im Tal in Empfang. Wir haben oben noch die restlichen Tische und Bänke von der Terrasse in den Stall geräumt, den Fahnenmast umgelegt und die Zäune rund um die Hütte, und Valentin hat der Futterkrippe im Kuhstall einen neuen Boden verpasst. Pünktlich zum Melken kommen wir auf dem Hof an.

Netti und Rex laufen uns schwanzwedelnd entgegen und auf den letzten Metern neben unserem Auto her. Was wir noch im Auto haben, tragen wir in die Küche. Dann werde ich im Stall erwartet. Irgendwie finde ich mich zurecht. Das Melken läuft zwar etwas unrund, weil ich mich hier unten einfach immer noch genauso wenig auskenne wie im Frühjahr, aber wenigstens kenne ich jetzt die Tiere und die Handgriffe. Markus bekomme ich kaum zu Gesicht. Gleich nach dem Melken bringt er die Milch zur Käserei und ein paar Ziegen zu einem Bock. Stefanie, Valentin und ich räumen weiter die Fahrzeuge und Anhänger aus und tragen den Sommerhausstand der Familie in die Küche.

Adie

Weiter geht's. Das große Nachspüren muss warten. Eine Stunde brauche ich für das Melken am nächsten Morgen, fast doppelt so lang wie zuletzt auf der Salzmatt. Bei mehreren Ziegen will die Milch nicht richtig fließen. Ihnen steckt der Umzug in den Zitzen.

Stefanie verlässt uns schon beim Frühstück und bricht nach Plaffeien auf, um beim Aufbau des Käseverkaufsstands der Alpkäserei anlässlich des Alpabzugsfestes mitzuhelfen. Die Alphirten der umliegenden Alpen, auf die die Tiere noch zu Fuß gelangen oder die einfach Freude daran haben, den Alpabzug mitzugestalten, treiben heute das gesömmerte Vieh, herausgeputzt und prächtig geschmückt, ins Dorf. Mal wieder weiß ich nicht so recht, was mich erwartet. Die letzte große Premiere in einem Sommer voll davon.

Leute aus der Gegend, die uns auf der Salzmatt besucht haben, haben mir von der Großveranstaltung erzählt. Tausende von Besuchern seien zu erwarten, Menschenmassen, die sich durch die Straßen schieben und den Bierrondellen mehr Aufmerksamkeit schenken als der Tierparade. Fahnenschwinger, Souvenirverkäufer, Würstchenstand und Festzelt.

Während Markus die letzten Handgriffe im Stall erledigt, helfe ich den Kindern mit ihren Festgewändern. Livias seidigbraune Haare flechte ich zu Zöpfen. Dann ergattern wir an der Landstraße kurz vor dem Ortskern einen Parkplatz und sehen gerade noch die erste Gruppe Hirten und Vieh durchs Dorf ziehen. Die Sonne freut sich mit uns und will wohl wettmachen, dass sie uns wochenlang im Stich gelassen hat. Wir schauen bei Stefanie am Käsestand vorbei und suchen uns dann einen guten Aussichtspunkt.

Als sich die nächste Gruppe ankündigt, höre und schaue ich mir das Spektakel, von dem ich ein Teil und doch keiner bin, an. Das Läuten der schweren Glocken kommt näher. Es tönt wie ein fröhliches, mächtiges Rauschen, das mit der Gemächlichkeit des Singsangs, wenn die Tiere auf der Weide beim Fressen und Wiederkäuen ihre Glocken zum Schwingen gebracht haben, nichts gemein hat.

Vorneweg geht der Hirte mit seiner Familie, in Tracht gekleidet, den Hirtenstock zur Hand. Gleich dahinter folgen die Milchkühe, die wie in sich ruhend über den Asphalt schreiten. Sie kennen das alles schon. Das frühe Aufstehen und Zurechtmachen, den stundenlangen Marsch von der Alp ins Tal. Das mächtige Schmuckwerk aus frischen Blumen und Tannenzweigen auf ihrem Kopf, die riesigen Sonntagsschala an ihren Hälsen, die besonders großen und schönen Glocken, die sie fast dazu zwingen, es einen Gang gemächlicher angehen zu lassen. Den Weg in Richtung Dorfmitte, der immer schmaler wird, gesäumt von Menschen und Verkaufsständen anstatt von großer Bergfreiheit in alle Himmelsrichtungen.

Helfer und Herdengruppen wechseln sich ab. Die Rinder drängeln. Die jüngsten Tiere kommen etwas eingeschüchtert ganz zum Schluss.

Ich blicke ihnen nach. Den Züglern stehen die Anstrengungen des Alpabzugs am Ende eines strengen Bergsommers ins Gesicht geschrieben. Die Tiere beten wahrscheinlich nur noch dafür, dass alles möglichst schnell vorübergehen möge. Ab nach Hause in die Ruhe des Stalls. ›Wenn beide, Tiere und Älpler, wenigstens mit Klatschen und Winken Anerkennung bekommen würden‹, denke ich. Aber an meinem Straßenabschnitt bin ich, Karnevalserfahrung hin oder her, weit und breit die Einzige, die sich bei ihnen mit Applaus bedankt.

Später helfe ich Stefanie und den anderen Bäuerinnen beim Käseverkauf. Immer wieder tauchen am Verkaufsstand Menschen auf, die ich auf der Alp kennengelernt habe.

Für mich aus der Stadt ist der Alpabzug nur ein kleines Dorffest. Schnell habe ich mich wieder an die Menschenmengen gewöhnt. Bis wir alles verkauft, abgebaut und verstaut haben, ist es Nacht. Um Viertel nach elf öffnet Stefanie zu Hause auf Zehenspitzen die Haustür. Im Flur bückt sie sich plötzlich. Ein gelber Zettel wartet dort auf uns. Markus schreibt: *Ihr könnt morgen liegen bleiben. Gute Nacht.* Wie oft habe ich in den letzten vier Monaten gedacht, dass ich müder nicht sein könnte. Wie oft war ich so geschafft, dass ich nur noch heulen wollte. Jetzt trägt mich ein kleines gelbes Zettelchen leichtfüßig in den Schlaf.

Einmal noch geht es für mich hinauf zur Salzmatt. Markus und ich bauen weitere Zäune ab, den unteren der Kaiseregg-Weide, den hinunter ins Loch, den der Kälberweide. Die Rinder, die Markus noch für ein paar Tage auf der

Alp lassen möchte und die auf der gegenüberliegenden Weide dösen, bemerken uns nicht.

Still ist es hier oben. Es herrscht eine Stimmung wie im Western, wenn der Held und der Böse sich auf der staubigen Dorfstraße ein Duell liefern und alle anderen sich im Saloon versteckt haben. Nein, nicht ganz. Denn es liegt keine Spannung mehr in der Luft. Aber das Leben, das hier bis vor drei Tagen pulsiert hat, kann ich noch spüren. In meinen Ohren liegen das Lachen der Kinder, Füße, die durch Kies stauben, Nettis Bellen, der Takt der Melkmaschinen, die hellen Glöckchen der Kälber und Ziegen. Doch meine Augen schweifen über nackte Weiden ohne Blumen, ohne Zäune, ohne Brunnen.

In der Hütte wollen ein paar Flaschen Rivella noch getrunken werden, die letzten Schokoladen liegen auf dem Tisch. Ein Feuer zu schüren, lohnt sich nicht. Zuletzt heben wir die hölzernen Fensterläden, von denen ich gar nicht wusste, dass es sie gibt, in ihre Angeln und verriegeln sie. Dann die Tür. Dann sagen wir der Salzmatt adie. Und ich zähle die Stunden. Nur noch einmal Abendmelken und einmal Morgenmelken, dann gehe auch ich.

TALWINTER

Dazwischen

Irgendwie hatte ich mir das Zuhausesein anders vorgestellt. Dabei kann ich gar nicht genau sagen wie. Schließlich hatte ich schon zwölf Jahre lang nicht mehr bei meinen Eltern gewohnt.

Das Zurückkommen hingegen fühlte sich an wie sonst auch. So wie damals, als ich nach dreieinhalb Monaten Holzhüttencamp in Kanada zurückkam. Oder als ich nach vier Monaten Backpacken durch Australien wieder bei meinen Eltern auf der Matte stand.

Mittwoch vor einer Woche bin ich heimgekehrt. Gleich am Tag darauf haben wir im Internet ein kleines Auto für mich gefunden, und noch während die letzte Waschmaschine mit meinen Alpklamotten lief, fuhren wir zusammen nach Hamm, um den blauen VW Fox zu begutachten. Am Tag zuvor noch im Ziegenstall in der Schweiz, und kaum 24 Stunden später kaufte ich zum ersten Mal in meinem Leben ein Auto. Mittlerweile war ich auch schon dreimal zu Wohnungsbesichtigungen in Köln, auf dem Kindelsberg, unserem heimischen Hausberg auf immerhin 618 Metern über Meer, bei Flo und Tina, bei der Massage und wegen der Existenzgründung beim Arbeitsamt und beim Finanzamt. Mit einer Freundin im Café in Köln war ich von den zurechtgemachten Menschen irritiert, bei der Blutspende der DRK-Mitarbeiter von meinem hohen Hämoglobin-Wert. Was sich vielleicht nach Stress anhört, ist für mich wiedergewonnene Freiheit.

Ich bin jetzt wieder selbst für meinen Tagesablauf verantwortlich. Auf der Salzmatt spielte sich vier Monate lang praktisch mein gesamtes Leben dort oben ab. Morgens melken, abends melken, und dazwischen etwas Sinnvolles erledigen. Was genau, das gaben die Jahreszeit und das Wetter vor. Oft gab es zu viel Arbeit. Manchmal wusste ich nicht, wohin ich als Erstes laufen sollte.

Jetzt möchte ich gern arbeiten, darf aber noch nicht richtig loslegen, weil meine Existenzgründung noch nicht offiziell begonnen hat. Meine Zeit fülle ich mit Tätigkeiten, die ich mir selbst aussuche. Morgen will ich mit Flo zu einer Veranstaltung im Siegener Museum für Gegenwartskunst, übermorgen mit meiner Patentochter ins Schwimmbad, dazwischen bereite ich den Businessplan für »IDEEN: Afflerbach« vor, den ich bei der IHK vorlegen muss.

Fast täglich ziehe ich durch die Wälder, die nur wenige Straßen hinter meinem Elternhaus beginnen, und nehme jede Steigung, ohne mit der Wimper zu zucken. Weil ich Rex vermisse, leihe ich mir manchmal die Hundedamen einer Nachbarin aus. Aber es ist natürlich nicht dasselbe, und das nicht nur, weil ich die beiden Hündinnen an der Leine führen muss.

Im Wald finde ich Ruhe. Hier fühle ich mich dem Gguschticheer auf der Salzmatt am nächsten. Aber es ist anders. Mein Kopf hat sich wieder eingeschaltet. Ich merke, dass ich auf der Alp einfach nur auf der Alp war. Ich habe mich mit den Themen beschäftigt, die dort relevant waren. Jetzt bin ich mit den Gedanken überall und nirgends, komme vom Hölzchen aufs Stöckchen und immer wieder zurück zu der Frage, ob ich mit der Entscheidung, wieder nach Köln zu ziehen, einen Fehler gemacht habe. Wenn ich frühmorgens durch die Wälder streife, die feuchte Waldluft einatme und einfach nur frei bin, kann ich mir das Leben in der Stadt noch nicht wieder vorstellen. Ich versuche, mich zu besänftigen. Versuche mir zu sagen, dass die Entscheidung für Köln, die plötzlich da war, sicher nicht ohne Grund zu mir gekommen ist.

Als ich am nächsten Tag mit meiner Patentochter im Schwimmbad tobe, muss ich aufpassen, nicht aus der Welt zu fallen. Sonderbar kommt mir alles vor. Der Parkplatz ist bis auf den letzten Platz besetzt. Die Leute haben anscheinend nichts Besseres zu tun, als sich in dieser künstlichen, lauten Blase aufzuhalten, Haut an Haut mit anderen. Auch ich gehöre ja jetzt wieder dazu. Ich gebe mir Mühe, der Kleinen den Spaß nicht zu verderben.

Heute vor drei Wochen habe ich das Auto gekauft. Jetzt hake ich auf meiner To-do-Liste außerdem die Wohnung in Köln – die habe ich gefunden – und den Gründerzuschuss – den habe ich bewilligt bekommen – ab. Am 1. Dezember kann es mit der Selbstständigkeit losgehen, am 1. Januar mit dem Umzug. Je mehr Bausteine ich für mein neues Leben in die Hand nehme, je greifbarer es wird, desto mehr fühle ich mich wie in einer Warteschleife. Am Anfang war es einfach nur schön, wieder da zu sein und bei meinen Eltern einen Unterschlupf gefunden zu haben. Aber so langsam darf es ruhig mit der Verwirklichung meiner nächsten Vorhaben losgehen. Dafür werde ich vor allem auch Kunden brauchen. Ich erinnere mich an »Polepole«. Alle Bälle, die ich in die Luft werfen konnte, habe ich in die Luft geworfen. Manche haben bereits einen Treffer gelandet. Bei den anderen muss ich abwarten.

Und plötzlich ruft mich an einem Abend im November Markus an. Ich freue mich riesig! Die vertraute Stimme mit dem Schweizer Akzent so unverhofft zu hören, ist wunderschön. In Sekundenbruchteilen reise ich in Zeit und Raum und bin wieder auf der Salzmatt. Noch während wir uns erzählen, was uns in den letzten Wochen widerfahren ist, breitet sich Sehnsucht in mir aus. Ohne dass ich es will, rattert es durch meinen Kopf, wie ich im nächsten Jahr wieder eine Alpsaison realisieren könnte. ›Was mache ich dann mit meiner gerade erst angemieteten Wohnung? Was mache ich mit den Kunden, die ich dann hoffentlich habe?‹ Ich muss mich zusammenreißen und mich auf das Gespräch mit Markus konzentrieren. Jede Einzelheit über Stefanie, die Kinder und natürlich auch die Tiere möchte ich wissen, wie es Rex geht, den Kälbchen und den Ziegen und ob es schon geschneit hat.

Als ich auflege, bin ich traurig und von Sehnsucht erfüllt. Aber eine Erkenntnis durchfährt mich wie ein Blitz: ›Ich kann ja jederzeit wieder zurück.‹

Tief in mir drin weiß ich, dass der Gedanke nicht neu ist. Markus hat mich in den letzten Wochen auf der Alp immer mal wieder gefragt, ob ich noch einen zweiten Sommer kommen möchte.

Manchmal sagte er Dinge wie: »Wenn du die Seile jetzt dorthin verräumst, dann weißt du im Frühjahr gleich, wo du sie findest.«

Oder er antwortete, wenn ich ihn etwas fragte: »Das kannst du selbst entscheiden, wo du das verstaust. Hauptsache, du weißt im Frühjahr noch, wo es ist!«

Leicht hätte ich mich schon an Ort und Stelle mit der Vorstellung vertraut machen können, ein zweites Mal z'Bäärg zu gehen. Aber ich hatte mich dafür entschieden, dass ich erst einmal schauen wollte, wie sich meine Selbstständigkeit anlässt. Und das gilt nach wie vor.

Entscheiden

Es funktioniert! Ich habe einen ersten Auftrag und einen zweiten in der Pipeline. Die Leute mögen die handschriftlichen Postkarten, mit denen ich die Existenzgründung bekannt gebe. Das bunte Logo gefällt nicht jedem, muss es aber auch nicht. Flo hat es genauso gestaltet, wie ich es mir vorgestellt habe.

Ich übe weiterhin mit den Bällen. An manchen Tagen will ich unbedingt weitere Projekte anbahnen, an manchen gebe ich, mit einiger Anstrengung, der Gelassenheit den Vortritt. Kurz vor Weihnachten begegnet mir der Spruch: *Stop judging. Stop proofing. Stop being right.* Vielleicht ist meine Selbstständigkeit vor allem das: ein beliebig langes Experiment, an mir selbst zu arbeiten und mit mir selbst im Reinen zu sein. Der Druck kommt ab jetzt ja nur noch von mir selbst (und meinem Bankkonto), oder eben nicht! Einen Vorgesetzten als Projektionsfläche habe ich nicht mehr.

Zwischen Weihnachten und Neujahr lese ich bei Barbara Sher: *Du musst dich nicht entscheiden, wenn du tausend Träume hast.* Danke, Leben, dass ich dich in dieser Buntheit kennenlernen darf, und seitdem du Kathrin und mich zu Bauer Arnold nach Südtirol geschickt hast, sogar in Neonfarben.

Heute ziehe ich zum zweiten Mal aus meinem Elternhaus aus. So wie 2002, als ich für meinen ersten richtigen Job nach der Uni nach Köln gegangen bin, ist der Umzug hemdsärmelig organisiert. Siegerländer Freunde helfen beim Kistenschleppen die Einfahrt neben dem Haus hoch. Flo lenkt den beladenen Lkw, Papa und ich fahren mit unseren Autos nach Köln. An meiner neuen Adresse trudeln pünktlich wie die Maurer die Umzugshelfer ein. Flo hilft mit letzter Kraft beim

Ausladen, dann erst sagt er mir, dass er Fieber habe und lieber nach Hause fahre.

Nur wenige Stunden später steht und hängt alles, und das Pizzataxi kommt. Ausgehungert fallen wir über das Fast Food her. Ich blicke in die vertrauten Gesichter, die mit roten Wangen rings um den Wohnzimmertisch sitzen. Ich bin dankbar, gelernt zu haben, um Hilfe zu bitten. Ich bin dankbar für Freundschaft, für das unbezahlbare, unendliche Wechselspiel von Geben und Nehmen.

Ein paar Wochen später bin ich mit Valentin in der Schweiz zum Holzen verabredet. Endlich reise ich wieder in die Schweiz, das erste Mal seit dem Alpsommer! Jetzt, da der Boden gefroren ist, viele Tiere Winterruhe und die Bäume »Saftruhe« halten, sind die Bedingungen fürs Holzen ideal.

Fünf Tage lang sind wir im Schnee zugange. Je nachdem, wo wir arbeiten, ist mein Thermounterhemd schon durchgeschwitzt, bevor wir überhaupt bei den markierten Bäumen ankommen. Bepackt mit Motorsäge, Benzin und Öl versinke ich mit jedem Schritt tief im Schnee. Valentin schleppt wahrscheinlich mehr als dreimal so viel wie ich – und kann dabei noch reden! Ich sage ihm besser gleich, wie es um meine Kondition bestellt ist. Der Alpsommer liegt schließlich schon fast ein halbes Jahr zurück.

Während ich friere und schwitze, wuchte und schleppe, während mir Schnee in den Jackenkragen staubt und ich auf dem Boden knie, die Motorsäge auf meinem Oberschenkel vor dem nächsten Schnitt, spüre ich wieder das, was den Alpsommer ausgemacht hat. Dass mein Körper, mein Geist und meine Seele gleichermaßen zufrieden sind. Ganzheitlichkeit im Winterwald, Valentin sei Dank.

Am Ende der Holzerwoche besuche ich Stefanie, Markus und die Kinder auf dem Hof. Die fünf begrüßen mich wie ein vermisstes Familienmitglied.

»Ist das toll, euch wiederzusehen!«, rufe ich und kann mich gar nicht entscheiden, wen ich zuerst in die Arme schließe. Zusammen gehen wir in die Küche.

»Fühl dich wie zu Hause, Kathi«, bittet Stefanie mich und stellt selbst gebackene Plätzchen und Schokoladenkuchen auf den Tisch.

Aus den Kindern sprudelt es zwischen Keksen und Kuchen nur so heraus. Livia möchte auf meinem Schoß sitzen. Yves hat wieder sein Zimmer für mich geräumt, so wie im Frühjahr, bevor wir auf die Alp zügelten. Alle zusammen tragen wir mein Gepäck nach oben. Dann ziehen die drei mich in den Stall und zeigen mir, was ich in den letzten Monaten verpasst habe: das neue Kälbchen und die Heubühne, die ich voll bis unters Dach in Erinnerung habe und von der jetzt ein Gutteil der Heuernte schon verfüttert ist.

Nach dem Abendessen fragt Markus mich: »Und, Kathi, kommst du wieder im nächsten Sommer?«

Ich habe geahnt, dass er fragen würde. Ich antworte: »Ich möchte sehr gerne kommen und freue mich, dass ihr mich fragt. Aber noch kann ich es nicht entscheiden. Meine Selbstständigkeit steht noch auf so jungen, wackligen Beinen!«

Dafür hat Markus Verständnis: »Ja, das hast du ja immer gesagt.« Wir einigen uns darauf, dass ich bis Ende Februar Bedenkzeit bekomme. »Dann hätten wir immer noch genug Zeit, um jemand anderen kennenzulernen. Solange warten wir auf dich, Kathi!«

Plötzlich meldet Pascal sich zu Wort. »Wie viel Platz hast du noch in deinem Tagebuch?«, möchte er wissen.

»Es ist gerade noch so viel Platz, dass noch ein Sommer hineinpassen würde«, antworte ich wahrheitsgemäß.

»Ja also, dann kannst du ja kommen«, ist für Pascal die Sache sonnenklar, was uns alle herzhaft lachen lässt.

In den vier Wochen bis zum verabredeten Stichtag Ende Februar genieße ich mein neues Leben. Ich reise nach Berlin, Südtirol, Polen, München und Hamburg, fahre mit dem Fox nach Aachen, Siegen, zu beruflichen Terminen und Freunden. Als es auf das Monatsende zugeht, lasse ich mir von meinen Coachingfreundinnen helfen. Mich verunsichert, dass ich nicht überblicken kann, ob mir eine viermonatige Abwesenheit so kurz nach der Existenzgründung beruflich schaden würde. Würde ich mir Chancen verbauen? Würde ich Kontakte verlieren, die sich gerade erst entwickelt hatten? Welchen Eindruck mache ich auf Kunden, wenn ich ein Drittel des Jahres Sennerin bin? Die entscheidenden Impulse sind diese: ›Es braucht ja niemand zu erfahren!‹ Oder: ›Im Zweifelsfall bin ich einfach ausgebucht!‹ Zwei Nächte schlafe ich noch darüber, dann sage ich Markus zu. Ich kann nicht sagen, wer sich mehr freut. Ich jedenfalls bin ziemlich aus dem Häuschen.

Alpfieber

Es hat mich erwischt. Schüttelfrost, Halsschmerzen, Gliederschmerzen, das übliche Programm. Und wie immer krönt sich die Grippe bei mir noch mit einem Herpes auf der Unterlippe. Ausgerechnet jetzt habe ich viel zu tun. Das ist dann wohl gerade eine Bergfahrt, von der andere Freiberufler mir berichtet hatten. Eine Bergfahrt, und die Gesundheit im Tal. Mein Laptop liegt auf meinen Knien, mein Kopf lehnt halb an der Dachschräge, halb auf dem Kopfkissen, mein Körper bleischwer und regungslos unter der Bettdecke. Das ist mein Rhythmus: eine Stunde arbeiten, eine Stunde schlafen. Hauptsache nicht sprechen! Und bloß nicht den Kopf bewegen! Hoffentlich überstehe ich morgen die Zugfahrt nach Hamburg zu dem wichtigen Termin ... Wäre nett, wenn auch meine Stimme durchhält, sonst brauche ich gar nicht erst loszufahren.

Acht Tage lang erinnert mich mein Körper daran, dass ohne Gesundheit alles nichts ist. Danach breitet sich das Alpfieber in mir aus. Jetzt läuft die Zeit bis Ende Mai. Bis dahin ist noch so viel zu tun! Ich muss Geld verdienen und für die Zeit, wenn ich wiederkomme, sparen. Ich muss meine Abwesenheit organisieren. Als Erstes spreche ich mit meiner Vermieterin wegen der Untervermietung meiner Wohnung. Trotz der Kuriosität, dass ich selbst erst vor zweieinhalb Monaten eingezogen bin, unterstützt sie mich. Ich bin dermaßen erleichtert, dass mir alles andere wie ein Klacks vorkommt.

Aber es gibt auch Tage, da zweifle ich an meiner Entscheidung. Ein größeres Projekt, an dem ich über die Sommermonate hätte mitarbeiten können, ist dafür aber nicht der Auslöser. Die Widersprüche sitzen tiefer. Sie drehen sich darum, was ich hier eigentlich mache. Statt Stabilität kreiere ich Unstetheit. Vier Monate Alp, drei Monate zu Hause, fünf Monate Köln, vier Monate Alp, als kleinster gemeinsamer Nenner die Sorge, ob es trotzdem klappt, mein neues Leben. Auf der Alp werde ich kaum Gelegenheit zur Kundenpflege oder Projektakquise haben. Heißt: Im Herbst werde ich wieder bei null anfangen müssen. Wird die Kraft dafür reichen? Ich versuche, mich den Fragen zu stellen. Sollte ich nicht voll und ganz sicher sein, dass ich es schaffe, müsste ich Markus anrufen. Ich möchte die Familie nicht als Wackelkandidatin belasten.

Im April ist die Entscheidung auf allen Ebenen getroffen. Jetzt bin ich unschlagbar im Vertrauen und Fallenlassen und im Glauben daran, dass sich alles fügen wird. Der Frühlingsbeginn tut sein Übriges. Mit dem Leuchten draußen und dem Leben, das sich in allem zeigt, ist es um mich geschehen. Bei schönem Wetter kann ich am Schreibtisch kaum still sitzen, so sehr hat das Alpfieber mich infiziert. Mein Kalender ist voll. Meine Freundinnen lade ich zum Schweizer Abend ein, ich muss beruflich nochmal nach Hamburg und nach Berlin, gehe ein paar Tage wandern. Nach und nach schließe ich meine Projekte ab. Ich habe die Aufenthaltsbewilligung für die Schweiz, den Arbeitsvertrag von Aebys, Untermieter. Meine Hausratversicherung weiß Bescheid und meine Krankenkasse, meine Nähmaschine wird bei der einen Freundin übersommern, mein Auto bei der anderen. Jetzt kehrt Ruhe ein. Drei Tage, bevor es losgeht, fahre ich noch einmal ins Siegerland, um mich zu verabschieden.

Ich erinnere mich an die Zeit vor einem Jahr, als ich von hier aus in die Schweiz gestartet bin. Dieses Mal wird es anders sein: Da werde ich von der Großstadt aus auf die Salzmatt starten – und, was vielleicht die größere Herausforderung ist, von dort aus wieder zurück in das Kölner Getümmel kommen. Ich genieße den letzten Tag im Siegerland zu Besuch bei meinen Patenkindern und meinen Eltern. Am nächsten Tag melde ich mein Auto ab, kaufe neue Gummistiefel und gehe zum Friseur. Jetzt bleibt mir nur noch, meine Wohnung für die Untermieter vorzubereiten und noch einmal die Badewanne auszukosten, bevor morgen, wie die ganzen nächsten vier Monate, mein Wecker um halb sechs klingeln wird.

ZWEITER BERGSOMMER

Da

Mit meinem Gepäck hocke ich mich auf die untersten Stufen der großen Freitreppe am Kölner Dom. Es verspricht ein warmer Tag zu werden. Sommerkleider und kurze Hosen klettern an mir vorbei die Stufen hinauf, ich sehe Laptoptaschen, Coffee-to-go-Becher und in jeder zweiten Hand ein Smartphone. Die Leute haben es eilig, ins Büro zu kommen. Auf dem Platz vor dem Hauptbahnhof dreht eine Kehrmaschine ihre Runden. Ich rufe Flo an. Bei meinem Abschiedsbesuch im Siegerland haben wir uns verpasst. Mit einem Anruf so früh am Morgen hat er nicht gerechnet.

»Bist du schon im Zug?«, will er wissen und gibt sich gar nicht erst die Mühe, ein Gähnen zu unterdrücken.

»Nein, ich habe noch ein bisschen Aufenthalt, da dachte ich, ich versuche es bei dir. Jetzt kann ich ja noch spontan telefonieren«, erkläre ich.

»Bist du eigentlich aufgeregt?«

»Nein, nicht wegen der Salzmatt. Aufgeregt bin ich wegen meiner Rückkehr im Herbst. Aber jetzt freue ich mich einfach nur unendlich!«

»Kathi, du machst bestimmt das Richtige. Mach dir jetzt mal wegen dem Herbst keine Sorgen. Das wird sich alles finden«, ermutigt mich mein kleiner Bruder.

Ich verspreche ihm, mich ab und an über facetime zu melden, dann sage ich ihm und den Türmen des Doms auf Wiedersehen und gehe zum Zug.

Ein dicker Schmöker bringt mich bis nach Basel. Als mein Bauch plötzlich ganz warm wird, schaue ich aus dem Fenster. Ich sehe die Mauer entlang der Bahngleise, die ich schon kenne, dann auf der anderen Seite Bürogebäude und ein Schweizer Bahnhofsschild. Ein Gefühl von Ruhe fließt durch meinen Körper. Ich bin auf dem Weg in die Ferne, und doch auf dem Weg nach Hause.

In Fribourg erwische ich einen früheren Bus als gedacht und rufe Stefanie auf der Salzmatt an, damit mich jemand in Plaffeien abholen kann. Es ist Markus, der mich aufgabelt und mich auf der Fahrt nach oben auf den neuesten Stand bringt. Die Familie ist selbst erst heute gezügelt. Freunde, die geholfen haben, sind noch auf der Salzmatt. Wir plaudern wie immer. Die Fahrt ist wie immer. Wir fahren einfach nur nach oben, was auch immer wir unten zu erledigen hatten. Nichts fühlt sich seltsam oder fremd an. Ich soll acht Monate lang nicht hier gewesen sein? Das kann nicht sein. Wir waren nur kurz was im Tal besorgen!

Als ich die Hütte betrete und die ganze Familie wiedersehe, freue ich mich wie ein Geburtstagskind. Ich habe meinen Platz wieder, inmitten dieser lieben Menschen! Die vertrauten Stimmen von Stefanie und Markus, Yves, Pascal, Livia, Peter und Valentin verschmelzen mit dem Knistern des Feuers im Herd. Auf dem Tisch stehen Kaffeebecher, die schon unzählige Male durch meine Hände gegangen sind. Die kleine Kiste für mein Dies und Das wie Sonnencreme und Taschenlampe steht auf dem Regal hinter meinem Sitzplatz bereit, das Bett in meinem Zimmer ist frisch bezogen. Schnell bringe ich meine Tasche nach oben und ziehe mich um. Jetzt sehe ich auch wieder aus wie eine Sennerin.

Am Abend setze ich mich auf die Bank auf der Kälberweide. Es ist warm, ein leichter Wind geht. Auf der

Seelihus-Seite sehe ich noch ein paar Schneefelder leuchten. Rex und Netti gesellen sich zu mir. Rex klettert zwischen meine Beine, Netti lässt sich einen halben Meter entfernt von uns nieder und blickt versonnen in die Ferne. Das Muster kenne ich. »Ich hab euch vermisst, ihr Süßen«, sage ich zu beiden und merke, wie sehr es stimmt.

Nur vier, fünf Minuten bleibe ich hier sitzen. Bewusst schaue ich mich um. So wie ich mich in Köln manchmal dazu zwinge, so wie heute Morgen vor dem Bahnhof, mir noch einmal den Dom anzusehen, den ich im Alltag viel zu oft unbeachtet lasse.

Der vertraute Duft von Stall und Feuer, den ich in den ersten Minuten erschnuppern konnte, hat mich schon eingehüllt. Obwohl ich von der Reise und den letzten Tagen erschöpft bin, bin ich hellwach. Ich atme bewusst aus. Zuerst das Alte loslassen. Dann atme ich tief ein. Ich bin hier. Mein Gott, ich bin wirklich wieder hier.

Gleich

Interessanterweise sind es meine Ohren, die mir dabei helfen, mich an die Arbeitsschritte zu erinnern. Damit hatte ich nicht gerechnet.

Die meisten Bewegungen kommen von ganz allein zurück. An meinem ersten Morgen im Ziegenstall weiß ich plötzlich wieder, wie ich den Melkkessel am praktischsten positioniere, ohne mich zu stoßen, mir die Finger einzuklemmen oder ihn mir selbst in den Weg zu stellen. Automatisch sucht meine linke Hand das Ventil, während meine rechte Hand die Melkkelche umstülpt. Als ich mit dem Melkgeschirr zum Waschplatz vor der Hütte komme, öffne ich, ohne nachzudenken, die Tür zum Gänterli, nehme etwas Waschmittel heraus und schalte die Pumpe an. Fasziniert schaue ich mir selbst zu. Kurz bevor Stefanie die Buben ins Auto packt, um sie zur Schule zu bringen, kommt sie bei mir vorbei.

»Kommst du zurecht?«, erkundigt sie sich, und ich freue mich, dass ich bejahen kann. »Super! Sonst fragst du einfach Markus. Die Milch fürs Zmoorge hat schon gekocht. Also dann viel Glück und bis später!«, ruft sie, während Yves und Pascal schlaftrunken in den Subaru krabbeln, noch nicht ganz bereit für die Schule am Montagmorgen.

Beim Waschen der Kessel merke ich es dann. Es gibt nicht nur ein motorisches Gedächtnis, sondern auch ein auditives! Ich lausche, wie die Bürste im Rhythmus der Melkmaschine über das Metall streicht, und höre die Zählreime, die ich im letzten Sommer innerlich aufgesagt habe. Das, was ich hier mache, fühlt sich nicht nur, es hört sich auch richtig an! So wie vorhin beim Melken das Zischen des Vakuums und das Ploppen der Ventile. Das ist mir noch nie im Leben aufgefallen. Ich bin richtig geflasht von meiner Erkenntnis.

Mein erster Tag. Alles ist anders und doch ist alles gleich. Meine Füße gehen gewohnte Wege, und meine Hände wissen, was zu tun ist. Manchmal halte ich für den Bruchteil eines Augenblicks inne, um zu überlegen, wo etwas ist oder wie etwas geht, aber diese Momente gehen so schnell vorbei, dass ich sie kaum wahrnehme. Das Bergaufgehen fällt mir wieder schwer. Ich wundere mich, wie fit ich letztes Jahr gewesen sein muss. Bin ich diese Weide wirklich hochgegangen, ohne außer Atem zu kommen? Haben meine Füße wirklich irgendwann aufgehört zu brennen? Bis die Oberschenkel nicht mehr schwer sind, liegt wohl wieder ein weiter Weg vor mir. Aber ich ahne, dass er in diesem Jahr kürzer als im letzten ist.

Dass ich alles kenne, entspannt mich. Ich kenne ja nicht nur die vielen Details. Die Weiden und Wege, die Arbeiten und Abläufe. Ich kenne den gesamten Zyklus. Und seine Abhängigkeit vom Wetter. Das ermöglicht mir mitzudenken und vorauszuschauen, und wenn es nur um die Einteilung meiner eigenen Kräfte geht. Jetzt weiß ich, was es bedeutet, bei Hitze in den Ritz oder bei Nebel ins Hüttli geschickt zu werden. Und das macht für mich einen riesigen Unterschied.

Ich erinnere mich an eine Begebenheit aus dem letzten Juni. Die 120 Rinder, die ihren Sommer auf der Salzmatt verbringen sollten, waren gerade seit ein paar Tagen bei uns, da hatte sich Valentin angekündigt, um uns dabei zu helfen, eine umgefallene Fichte aus dem Weg zu räumen. Vorher wollten wir noch die Salzmatt-Rinder einstallen. Der eine Teil der Herde weidete praktischerweise ganz in der Nähe des Stalls und war schnell eingetrieben. Während Markus, Valentin und ich die Rinder an ihren Plätzen anbanden, liefen Yves und Pascal los, um die noch fehlenden zwölf zu holen.

Aber dann war irgendetwas furchtbar schiefgelaufen. Entweder hatten sich die Buben vor den Rindern erschreckt oder die Rinder sich vor den Buben. Jedenfalls nahmen vier der Rinder Reißaus und rannten los, was das Zeug hielt. In die falsche Richtung. Durch den ersten Zaun. Durch den zweiten Zaun. Die Jungs rannten so schnell sie konnten zu uns zurück. Außer Puste berichteten sie, was geschehen war. Bei Markus gingen gleich alle Alarmglocken an. Die Richtung, die die beiden beschrieben, hörte sich nicht gut an. Denn die Weide, auf die die Rinder in ihrer Verstörung vermutlich gerannt waren, endete am Schluss zwar mit einem Zaun, aber irgendwann dahinter auch mit einem Felsabbruch. Würden die Rinder vor lauter Angst immer weiter laufen, würde kein Zaun sie aufhalten können und der Weg zur Felskante wäre frei. Sie würden bis nach Schwarzsee hinabstürzen.

Wir ließen alles stehen und liegen und rannten los. Markus, dessen Beine jeden Alpmeter auswendig kennen, vorneweg, Valentin und ich hinterher. Meine Güte, ich war ja noch nicht mal daran gewöhnt, in normalem Tempo eine Weide hinauf- oder hinunterzugehen. Und jetzt musste ich querfeldein bergab rennen. Über einen Graben. Durch einen Zaun. Weiter bergab. Quer über eine Weide. Durch einen Wald. Über noch eine Weide.

Plötzlich rief Markus: »Halt!« Er war an einem weiteren Waldstück angekommen, dem letzten vor dem Felsabbruch. Er bedeutete uns, hier mucksmäuschenstill zu warten.

»Markus sucht den Wald jetzt nach den Rindern ab, aber allein und ohne die Hunde, damit die Rinder sich nicht erschrecken, falls sie da sind«, erklärte Valentin mir flüsternd.

Für ein paar Minuten blieben Valentin, die Jungs und ich auf der Weide zurück. Mein Herz klopfte bis zum Hals. Angespannt schauten die Buben und ich uns an. Wenigstens konnte ich einen Moment lang etwas Atem schöpfen. Schließlich ein leises Zeichen aus dem Wald: Markus hatte die Rinder gefunden! Aber eines war zwischen zwei querliegenden Baumstämmen eingeklemmt. Valentin ging mit ruhigen Schritten zu Markus und dem eingekeilten Rind. Gemeinsam befreiten sie es. Es war unverletzt!

Jetzt war Fingerspitzengefühl gefragt. Beruhigend redeten Markus und Valentin auf die vier Entlaufenen ein und dirigierten sie in Richtung offener Weide, bloß weg vom letzten Zaun und dem freien Fall. Dann bildeten wir fünf eine weite Menschenkette hinter den Rindern, um sie langsam in die richtige Richtung zu treiben. Jetzt, da die Tiere in Sicherheit und auf dem richtigen Weg waren, gab es neue Herausforderungen, auch wenn ich das erst im Nachhinein begriff.

Einerseits ging es um Schadensbegrenzung – die Rinder sollten nicht noch Schäden anrichten, indem sie weitere Zäune durchrannten, wir mussten sie durch die Törchen führen. Außerdem sollten sie sich nicht mit den anderen zwanzig Rindern, die eigentlich hier unten auf diese Weide gehörten, vermischen. Weil ich aber nicht wusste, wo ich war, hatte ich auch nicht verstanden, wo die Rinder eigentlich hinmussten. ›Und was hatte Markus gerufen? Sollten sie jetzt durch dieses Törchen oder nicht? Ja? Nein? Markus, ich verstehe dich nicht! Du bist zu weit weg! Der Wind verschluckt deine Worte! Und ich kann im Übrigen auch kein Schweizerdeutsch!‹ Es war zum Verzweifeln. Ich wollte ja helfen und nicht noch alles schlimmer machen.

Ich versuchte, mich an Valentin zu orientieren. Rannte er berghoch, tat ich es ihm gleich, rannte er wieder hinunter, tat ich dasselbe. Am Ende waren alle Tiere, wo sie hingehörten, aber zwei Zäune und der Zeitplan für den Tag waren kaputt. Anstatt zum Holzen ging Markus Zäune reparieren. Und ich hatte gelernt, was Stress entstehen lässt. Wenn du nicht Herr der Lage bist. Wenn du dein Ziel nicht kennst. Wenn du deine Aufträge nicht verstehst. Und wenn du zwar willst, aber nicht kannst.

Ich sitze vor dem Haus, das Tagebuch, das ja noch Platz für diesen Sommer hat, auf dem Tisch. Vorne habe ich einen Spruch von Hermann Graf Keyserling eingetragen: *Der kürzeste Weg zu sich selbst führt um die Welt herum.* Oder zweimal auf die Salzmatt. Die letzten acht Monate, der Winter in meinem anderen Leben, sind wie weggeblasen. Nach dem Runterzügeln im Herbst bin ich gestern gleich wieder hinaufgezügelt. Ich war nie etwas anderes als Sennerin.

In der Nacht rütteln Regen und Wind an meinem Dachfenster und halten mich wach. Ich habe ganz vergessen, wie unmittelbar es hier oben tönt, wenn die Naturgewalten von der Kaiseregg zurückschallen und über unsere einsame Hütte auf der Senke hinwegfegen. Ich bin wohl doch eine Zeit lang weg gewesen. Und bin mit einem Rucksack voller Wintererfahrungen zurückgekehrt.

Drunter

›Wie sehr ich euch vermisst habe‹, ist mein erster Gedanke, als ich am nächsten Morgen den Ziegenstall betrete. Die hellbraune Ziege rappelt sich von ihrem Nachtlager auf und streckt genüsslich, wie in Zeitlupe, ihr rechtes Bein nach hinten aus. Aber nur das rechte! Niemals käme sie auf die Idee, hintereinander beide Beine auszustrecken. Die Schwarze guckt schräg hinter dem Brett, das seitlich an ihrer Parklücke angebracht ist, hervor und haarscharf an mir vorbei. Mir in die Augen zu blicken, ist unter ihrer Würde. Sie öffnet das Maul, schiebt den Unterkiefer nach links, gähnt herzzerreißend und dreht dann den Kopf in einer tiefen 180-Grad-Kurve hintenrum auf die andere Seite. Aus den Augen, aus dem Sinn. Die zwei Gitzis, die jetzt noch Kinder sind und schon bald erwachsen, trinken die Kuhmilch aus dem Eimer, ein jedes auf seine Weise. Das größere von beiden in langen, gleichmäßigen Schlucken. Das kleinere in hastigen Schlückchen, als ob es sich ängstigt, nicht genug zu bekommen. Wie gestern Abend schon verschluckt es sich in seiner Hektik, niest, schüttelt sein Näschen, lässt Milchtropfen fliegen, schüttelt seinen ganzen Körper, um sich dann wieder in die Milch zu stürzen, das kleine Schwänzchen aufgeregt im Takt gegen die Wand klopfend. Der Gitzi-Bock im Chrömeli hält während des

Melkens immer wieder Blickkontakt zu mir über den Bretter-verschlag hinweg. ›Nein, Kleiner, ich werde dich nicht ver-gessen. Du bekommst deine Milch. Versprochen.‹

Sie geben alles, um mein Herz zu erobern. Nein, sie sind einfach, wie sie sind. Charakterköpfe, Sturschädel, Lebens-lust, Persönlichkeiten.

Markus verlässt uns früh, um im Tal zu heuen. Die nächsten vier Tage soll es schön bleiben. Stefanie und ich werden hier oben also allein klarkommen. Wir stellen zwei Eintreibe-Stromzäune rund ums Seelihus auf, dann geht Stefanie zurück zu ihrer Arbeit bei der Hütte. Für mich steht vor allem Zäunen auf dem Programm. Heute schaffe ich es, die Glöggli an den Schwüren den Seeligrat rauf bis zum Lift zu befestigen, die Hefte am Zaun von der Kälberweide auf-wärts bis zum Hohmattli einzuschlagen und die Schwüre im Seeliloch in die Bodenlöcher zu stellen. Am nächsten Tag ist es sonnig und manchmal sogar windstill. Wir verlegen einen Wasserschlauch quer über eine Weide, um den Brunnen beim Kreuz mit Wasser zu versorgen. Dann schultere ich den Schlegu und breche ins Seeliloch auf, um die Schwüre einzuschlagen, die ich gestern aufgestellt habe. Vor dem Mittagessen bringe ich in den drei Ställen im Seelihus noch die Anbindeseile an und erneuere mit Kreide die Standplatz-nummern für die Rinder.

Am Nachmittag wartet der Ritz auf mich. Auf meinem Weg zum unteren Ende der Ritz-Weide nehme ich eine Ladung frische Zaunpfähle mit. Jetzt beginnt der anstrengende Teil. Höhenmeter für Höhenmeter suche ich die Zaunpfähle aus den Winterlagern zusammen, stochere im hohen Gras nach den Löchern, in die ich sie stellen muss, und laufe immer wieder bergab und bergauf, beladen mit Schwüre-Nachschub. In meinem Kopf pocht es. Als ich oben ankomme, setze ich mich endlich ins Gras. Ich grüße den Schwarzsee unter mir. Schaue über die Riggisalp hinüber in Richtung Euschels, wo ich im September mit meinen Eltern gewandert bin, zum Galutzi, wo bereits Blumen leuchten, und zum Hohmattli, der Alp oberhalb unserer Hütte. Ich sehe all die Arbeit, die noch auf uns wartet. Und ich staune, wie viel man an einem einzigen Tag schaffen kann.

Am Tag, bevor die Rinder kommen, kann ich am Nachmittag frei machen. Mit Laptop und Handy im Rucksack laufe ich nach Schwarzsee. Als ich beim fast vollen Parkplatz an der Liftstation ankomme, bleibe ich abrupt stehen. Die vielen Autos und Menschen irritieren mich. Aber ich bin doch erst seit einer Woche aus Köln weg!? Ging das Abtauchen in diesem Jahr so viel schneller? Habe ich schon vergessen, dass die Alp kein Paralleluniversum ist, sondern einfach nur eine Facette der Welt? Ich suche Zuflucht in der Mamsell, bestelle eine Cremeschnitte und eine Cola und wundere mich in mein Tagebuch hinein.

Am nächsten Morgen bringt ein Bauer die ersten Rinder, noch während wir melken. »Als mein Vater noch auf der Salzmatt war, war das mehr die Regel als die Ausnahme. Da kamen die Bauern alle so früh, um ihre Tiere abzugeben. Sie konnten sie wohl nicht schnell genug loswerden«, erzählt Markus schmunzelnd beim Frühstück.

Da haben wir den ersten Akt schon hinter uns und es irgendwie geschafft, eine Lieferung Laufstallrinder anzubinden. Mit Ganzkörpereinsatz (alle bis auf den Bauern), Mut (Markus) und Demut (ich).

Etwas, das ich vergessen hatte: mich zwischen Hunderten, ja Tausenden von Kilos zu behaupten. Aber sobald alle Tiere im Stall waren und ich die Stalltür hinter dem letzten Rind geschlossen und mich zu dem Spektakel, das mich erwartete, umgedreht hatte, war es wieder da.

Ich habe die Nummernpläcklis, die ich an die Glocken der Rinder schraube, auf einem Tisch in der alten Küche im Seelihus ausgebreitet. Fünf, sechs Pläcklis stecke ich mir jeweils in die Hosentasche, dann gehe ich zurück in den Stall und taste mich an die vierbeinigen Neuzugänge heran. Da scheinen wir wieder einige Rinder bekommen zu haben, die noch nie eine Frau gesehen haben. Verschreckt versuchen sie, meiner Annäherung zu entkommen. Sie ziehen in der Hoffnung, mir zu entgehen, so fest sie können am Seil, was nicht angenehm sein kann, und beobachten mich aus riesigen, angsterfüllten Augen.

»I mache dr nüüt, ich tu dir nichts«, murmle ich ihnen in Endlosschleife ins Ohr, während ich die Pläcklis vorsichtig anschraube. Manchmal hilft alles Gutzureden nichts. Dann rammt mir ein Rind plötzlich seinen Kopf in die Brust oder quetscht mich gegen die Futterkrippe, sodass ich in die Krippe klettere, um mich in Sicherheit zu bringen.

Als ich mir in der Küche die nächsten Pläcklis holen will, sehe ich Yves und Pascal mit ihren Hirtenstöcken davonstauben. Sie rennen auf die Weide unterhalb vom Seelihus. Ein Bauer, der in der Stalltür lehnt, erklärt mir, was los ist, nämlich ein Rind. Es scheint vom Wagen aus über alle Absperrungen hinweggesprungen und weggelaufen zu sein. Der Bauer steckt mir noch, von welchem Hof das Tier ist. Da entscheide ich, Yves und Pascal zu helfen. Mit dem durchgedrehten Tier will ich die beiden nicht allein lassen. Ich schnappe mir einen Stock und laufe hinterher.

Zuerst kann ich weder die Buben noch das Tier sehen, weil die Weide sich über mehrere Senken und Hügel zieht.

Endlich erkenne ich, wo sie sind: am Weideende Richtung Nachbaralp. Ich positioniere mich so, dass ich das Rind zum Eintreibezaun lenken kann, wenn die Buben mit ihm kommen. Wieder verschwinden die drei aus meinem Blickfeld. Plötzlich steht das Rind etwa dreißig Meter oberhalb von mir, die Buben auf halber Strecke seitlich zwischen uns. Yves, Pascal und ich rufen uns zu, wie wir vorgehen wollen, da nimmt uns das Rind die Entscheidung ab. Es stürmt auf Yves zu, der zur Seite springt, und hält danach geradewegs auf mich zu. Ich springe ebenfalls zur Seite und drehe mich um, um schneller rennen zu können. Doch dann fliege ich – und lande bäuchlings auf der Weide.

Einen Moment lang weiß ich nicht, was los ist. Dann sehe ich schon Yves und Pascal auf mich zulaufen.

»Bist du verletzt?«, fragt Yves mich besorgt und beugt sich zu mir herunter. Mein kleiner Flug über die Weide muss eindrücklich gewesen sein. Doch mir scheint nichts passiert zu sein. Meine Augen suchen die Umgebung ab, ich muss wissen, wo das verrückte Tier ist.

»Lauft zum Seelihus, Yves, Pascal, mir geht es gut, ich komme nach. Seht zu, dass ihr von der Weide runterkommt und sagt Pappi Bescheid!«

Die Buben nicken und hauen ab. Jetzt klopft und sticht es in meinem rechten Unterschenkel, mit dem ich wahrscheinlich auf einem Felsen gelandet bin. Ich rapple mich auf, hebe meinen Hirtenstock auf und humple zum Seelihus. Das arme Tier lässt sich nicht blicken.

Zurück im Seelihus finde ich Pascal tränenüberströmt. Der Schock sitzt ihm in den Knochen. Das Tier auf seinen Bruder zurennen und mich durch die Luft fliegen zu sehen, ein Rind außer Rand und Band ... Wir reden über das Geschehene und weinen gemeinsam.

Ich versichere ihm, dass es mir gut geht: »Wir hatten großes Glück. Uns ist nichts passiert.«

Als er sich beruhigt hat, mache ich mit zusammengebissenen Zähnen mit den Nummernpläcklis weiter. ›Das ist doch Kacke‹, denke ich, und mein Bein tut richtig weh.

Beim Mittagessen versorgt Stefanie mich mit Arnika und einem Kühlkissen. Sie erzählt, dass ein Gast auf der Terrasse das Spektakel live durch sein Fernglas mitverfolgt hat.

»Die ist von einem Rind überrannt worden!«, habe er gerufen und sich gar nicht mehr eingekriegt.

Ob ich mich bald wieder einkriegen werde, weiß ich, ehrlich gesagt, noch nicht. Innerlich bin ich aufgewühlt. Dem Rind mache ich keinen Vorwurf. Das Tier hatte Angst, bestimmt schon auf der Fahrt zur Salzmatt. Wir hätten es vielleicht einfach auf der Weide in Ruhe lassen sollen. Nein, enttäuscht bin ich von seinem Besitzer, der die Aufregung mitbekommen, sich aber nicht dazu durchgerungen hat, mich zu fragen, wie es mir geht. Stefanie, die anderen Bauern und der Bergmeister – sie alle machen es mehr als wett und kümmern sich aufmerksam um mich. Aber der bittere Nachgeschmack bleibt.

Himmelhellblau

Die letzten zwei Wochen waren nass und kalt. Manchmal kroch Frühnebel das Tal hinauf und verhing sich wie Spinnweben zwischen Tannen und Felsen. An den verregneten Morgen gaben die Kühe und Ziegen keinen Mucks von sich, als würden sie hoffen, dass wir sie im Stall vergessen und nicht nach draußen lassen. Immer und immer wieder stallten wir in den ersten Tagen nach dem Unfall zu Trainingszwecken die Rinder ein. Im Hüttli. Im Seelihus. In der Salzmatt. Rauf und runter. Rein und raus. Wenn der Wind nur so pfiff und den Regen waagerecht vor sich hertrieb. Immer wieder eintreiben, anbinden, losbinden, ausmisten. Im Gummistiefel schmerzte mein geschwollenes Bein am meisten. Der Steiß, wo mich das Rind mit seinem Kopf erwischt haben muss, und die gezerrten Muskeln in Nacken und Bauch erinnerten mich zum Glück nur zwei, drei Tage lang an den Sturzflug.

Im Radio sprechen sie jetzt von drei Wochen Hitze am Stück. Wo auch immer man sie erwartet, ich erwarte sie nicht. In der Nacht stürmt es wie verrückt. Das Melkgeschirr wasche ich mal wieder im strömenden Regen.

Diese Nacht ist ruhig. Ich bin tief versunken im Schlaf unter der Dachschräge, die sich bis zu meinem Bett herunterzieht. Das Dachfenster ist geschlossen, damit die Glocken der Tiere, die rund um die Hütte weiden, mich nicht wachläuten. Frische Luft findet durch Ritzen ihren Weg in meine Kammer.

»Kathi, Kathi, bist du wach?«, höre ich plötzlich ein Flüstern vor meiner Tür und ein leises Klopfen, das nicht aufhören will.

Verschlafen springe ich auf, schiebe mir die Brille auf die Nase und öffne.

Markus blickt durch den Türspalt. »Romy kalbt«, wispert er, um die Kinder nicht zu wecken.

Ich nicke, ziehe mich an und folge ihm und Stefanie in den Stall.

Jetzt werden wir beide eine Premiere erleben, Romy als Erstgebärende und ich als Hebammenassistentin. Meine Hände werden feucht. Ehrfurcht macht sich in mir breit. Als ich am Fenster des Kuhstalls vorbeikomme, sehe ich schneeweiße Vorderhufe, eine Zunge und eine Schnauze aus Romys Hinterteil ragen, ein Bild voller Schönheit, voll des Wunders des Lebens. Schnell laufe ich weiter, hinein in den nächtlichen Stall. Stefanie und Markus sind schon in Position. Stefanie weitet mit geübten Händen Romys Scham. Markus instruiert mich, mit ihm an den Ketten zu ziehen, die er um die Fesselgelenke des Kalbs gelegt hat, die schon zu wenigen Zentimetern zu diesem Teil der Welt gehören.

Unter kurzen, starken Wehen bringt Romy ihr Kalb zur Welt. Es geht schnell und ruhig. Romana gleitet zu uns auf das bereitliegende Bett aus Stroh. Mutterliebe füllt den Stall, und selbst Stefanie und Markus, die schon unzähligen Lebewesen auf die Welt geholfen haben, halten inne, schauen, strahlen. Romy leckt ihr Kleines sauber und stupst es zärtlich mit der Nase an.

Der Zauber der Nacht hat die Weiden mit Eiskristallen überzogen. Es ist knapp über null Grad, als ich wenige Stunden später mit Romana im Kälberstall trinken übe. Zuerst nuckelt sie von ihrem Strohbett aus an der Flasche, dann fährt sie ihre staksigen Beine aus, springt mit einem unsicheren Satz auf und sucht die Flasche im Stehen. Ich helfe ihr, indem ich ihre Wangen über der Schnauze zusammendrücke. So formt ihr Maul ein O, in das der Nuckel perfekt hineinpasst. Zwanzig Minuten braucht sie für eineinviertel Flaschen. Bei den letzten Schlückchen sinkt sie erschöpft ins Stroh.

Noch in derselben Woche kommt die Hitze tatsächlich zu uns. Himmelhellblau blitzt es von allen Seiten, wie durch frisch geputzte Fenster. Wolken haben wir seit Tagen nicht zu Gesicht bekommen. Nur noch ein wenig Tau hat heute in der Früh das Gras bedeckt. Fröhlich ziehen Yves, Pascal, Rex, Netti und ich an diesem Bilderbuchsamstagnachmittag zum Hüttli hinab.

Pascal erzählt mir vom letzten Unihockeyspiel mit seiner Mannschaft. Yves berichtet, was in der Schule los ist. Nicht mehr lang, dann sind Ferien. Rex hält sich dicht bei uns. Netti lässt sich Zeit und wartet zwischendurch immer wieder ab, ob sie wirklich weiter nach unten muss oder nicht doch irgendwo auf halber Höhe sitzen bleiben kann.

Wir trällern das Lied von der Vogellisi und wiederholen eins ums andere Mal den Refrain: *Ja, z'Oberland, ja, z'Oberland, ja, z'Berner Oberland isch schön! Ja, z'Oberland, ja, z'Oberland, ja, z'Berner Oberland isch schön!*

Als das Hüttli in Sicht kommt, bleiben wir stehen. Jetzt müssen wir uns auf unsere Mission konzentrieren und besprechen, wie wir vorgehen wollen. Markus hat uns aufgetragen, die Hüttli-Rinder von der Weide hier unten auf die nächsthöhergelegene Weide zu führen. Leider habe ich an dieselbe Aktion aus dem letzten Jahr keine Erinnerung. Wie ging das nochmal?

Wir probieren es schließlich so: Während ich die Rinder, die Markus heute Morgen im Stall angebunden hat, rauslasse und den Stall putze, halten die Buben die nach draußen strömenden Rinder beisammen. Sobald ich mit dem Putzen fertig bin, geht es mit dem Hochtreiben los. Yves läuft voraus, um die Tiere daran zu hindern, nach oben auszubrechen. Aber sie tun genau das Gegenteil. Sie pressen sich am unteren Zaun entlang, schlängeln sich zwischen Bäumen hindurch, klettern über Wurzeln und ahnen nichts von dem Graben, der rechts unter ihnen lauert. Mehr als einmal halte ich die Luft an. Verzweifelt sucht ein Rind in dem unwegsamen Gelände nach Halt. Ein anderes verfängt sich mit dem rechten Hinterlauf in einer Stolperfalle aus Ästen und Geröll. Mir bleibt nichts anderes übrig, als es so lange lautstark zu scheuchen, bis es sich aus eigener Kraft befreit.

Nach der kritischen Passage müssen wir unbedingt wieder Tempo aufnehmen, damit die Herde beisammenbleibt. Und wir müssen sie so dirigieren, dass sie zum Törli geht, durch das sie von der einen auf die andere Weide gelangt.

Wir rennen bergauf, mit den Rindern, neben den Rindern, hinter den Rindern. Die tiefen Rindertritte am Steilhang kosten uns doppelt Kraft, vor allem die gute alte Netti, die bald nicht mehr zu sehen ist. Unsere Rufe, die Hey-Heys und Ho-Hos, sind Befehl, Beschleuniger, Bremse und vor allem das: ganzkörperanstrengend, und werden doch vom Trampeln der Rinderhufe und vom Glockengebimmel übertönt. Wir werden langsamer, die Tiere mit ihren vier Beinen nicht. ›Warum bekomme ich so schlecht Luft?‹ Yves verteidigt die Spitze und schafft es, die Rinder in Richtung Törli zu scheuchen. Pascal und ich springen hinterdrein, trommeln den Rest der Truppe zusammen und lotsen alle zum Durchgang. Es ist vollbracht! Die Rinder sind tatsächlich da, wo sie sein sollen!

Pascal schließt das Törli hinter dem letzten Rind. Schwer atmend stützen wir uns auf unsere Stecken und ringen nach Luft. Unter dem Keuchen bricht sich Grinsen Bahn. Dann klatschen wir uns ab.

»Super gemacht, Jungs«, gratuliere ich ihnen zu der gelungenen Aktion. Stolz erwidern sie mein Lachen.

»Ja, das ist nochmal gut gegangen«, freut Yves sich.

»Schau, jetzt hat es sogar Netti geschafft«, sagt Pascal und öffnet der Nachzüglerin das Törchen.

Im Ziegenstall ist es mittlerweile wie in einer Dampfsauna. Obwohl wir die Fenster herausgenommen haben und nachts nur die untere Türe schließen, legt sich die Feuchtigkeit auf meine Haut, sobald ich ihn betrete. Die Luft ist schwer, vollgeschwitzt von den Tieren, die in der Nacht von tau-feuchten Wiesen träumen. Das Gämschi hat Freude: Es gibt viel zu schlecken, denn der Salzvorrat an meinen Unterarmen ist seit Tagen unerschöpflich. Alles steht. Schon nach dem Fegen ist mein T-Shirt nass. Sobald ich beim Melken warten muss, bis ich eine Ziege von der Melkmaschine löse und eine andere anstöpseln kann, gehe ich nach draußen. Da regt sich zwar auch nicht der leiseste Windhauch, aber es ist immerhin weniger stickig.

Der Nachmittag flirrt. Ausflügler aus dem Tal, auf der Suche nach Abkühlung in den Bergen, halten Stefanie auf der Terrasse auf Trab. Markus ist unten im Heu. Ich trage in drei Portionen Schwüre, Schlegu und eine Eisenstange zum Bodenlöcherbohren zur Quellfassung im Galutzi, wo ausgerechnet eines von Markus' Rindern einen Zaun durch-brochen hat. Unter dem Sonnenhut pocht mein Kopf. Der ausgedörrte Boden ist steinhart. Die Zaunpfähle bekomme ich kaum in den Boden geschlagen.

Mit gemischten Gefühlen blicke ich dem Abend ent-gegen: Wenn wir alle Rinder rausgelassen, die Ställe aus-gemistet und gemolken haben, wartet auf Stefanie und mich eine anstrengende Spätschicht. Markus' Jodlerklub hat sich angekündigt, um auf der Salzmatt die Generalprobe für das Westschweizer Jodlerfest, das in wenigen Tagen in Saas-Fee beginnt, abzuhalten.

Bis Mitternacht sind wir auf den Beinen, aber die Arbeit geht uns leicht von der Hand. Die Stimmen der Sängerinnen und Sänger auf der Terrasse dringen zu uns in die Küche, und dann und wann hockt sich eine von uns an den Tisch gleich vor der Hütte, um zu lauschen. Schließlich traue ich mich zu fragen, ob ich mir ein Lied wünschen darf, *Bärgandacht*, das mir im ersten Alpsommer unter die Haut gegangen ist. Und als der

Chor vom Wunder der Bergnacht singt, davon, wie die Berge funkeln und dabei die Zeit stillsteht, und als der Vollmond groß und tief über der Kaiseregg leuchtet, erlebe ich die Ewigkeit.

Ein Satz nistet sich in meinem Kopf ein. Einer, der wachsen, der lange bleiben darf. Ich bin zur richtigen Zeit am richtigen Ort.

Ich bin nur hier und jetzt. Mein Geist ist wie in süße Watte gehüllt. Träge schaukelt er auf der Hängematte des Alpsommers und schaut sich selbst dabei zu, wie er routinierter, heimischer und unerschrockener wird. Im Rinderkehr ist es schon längst keine Verlockung mehr für mich, ein Handynetz zu suchen und online zu gehen. Alles, was ich gerade sein möchte, ist da. Und wenn ich doch einmal auf etwas anderes blicke, auf meine Arbeit zu Hause oder das Weltgeschehen, dann blicke ich darauf wie durch ein Fernrohr.

Zusammen

»Ist das süß!«, ruft Bine von der Stalltür zu mir rüber, als ich Kälbchen Romana tränke.

»Komm doch rein«, lade ich sie ein.

Aber Bine traut sich nicht. Noch nicht. Sie ist ja vorhin erst angekommen und hat genauso wenig Bauernhoferfahrung wie ich, bevor ich mich bei Bauer Arnold an die Sache herantastete.

»Woher kannst du das alles?«, fragt meine Schwester, als wir wieder zum Ziegenstall gehen, wo ich noch fertig melken muss.

Damit meint sie wohl eher das Handling der Rinder als das des kleinen Kälbchens. Bine und ihr Freund Rainer sind am Nachmittag auf der Salzmatt angekommen, gerade rechtzeitig, um Markus und mir dabei zusehen zu können, wie wir die Seelihus-Rinder im großen Stall losgebunden haben. Das ist zwar weniger aufregend als das Einstallen und Anbinden am Morgen, aber für Neulinge dennoch imposant. Ich merke, dass ich meinen Stolz gar nicht erst zur Seite packen muss, als ich Bine antworte. Der hat schon im ersten Salzmatt-Sommer der Demut Platz gemacht.

Am Abend rührt Stefanie zur Feier des Besuchs ein Käsefondue. Alle Plätze um den großen Tisch in der Küche sind besetzt. Manche Augen sehen müde aus, ganz sicher die von Markus und mir selbst (Stefanie ist so viel besser im Wegstecken!), aber alle sind frohgemut. Wieder einmal schenken Stefanie, Markus, Yves, Pascal und Livia mit ihrer unermesslichen Gastfreundschaft und Herzlichkeit fremden Menschen die Teilhabe an ihrem Leben auf der Alp. Dankbarkeit füllt mich aus. Zur richtigen Zeit am richtigen Ort. Ja.

Während elf Fonduegabeln in zwei Fonduetöpfen rühren, versuche ich, mich in Bine hineinzuversetzen. Mit welchen Augen sieht sie mich, sieht sie uns hier? Wie fühlt es sich für sie an, jetzt einmal selbst auf der Alp zu sein?

Meine große Schwester. Sieben Jahre mehr Lebenserfahrung. Für mich ist es aufregend, sie neben mir am Abendbrottisch zu haben, im Stall, in meiner Kammer. In meinem Sommerleben. So viel habe ich zu Hause in den Wintermonaten von der Alp erzählt. Da ist die Tür zu meinem Alpabenteuer für Bine vielleicht schon einen Spalt weit aufgegangen. Jetzt ist sie eingetreten.

Als ich mit ihr und Rainer später eine kleine Runde über das Gelände drehe, überraschen mich die beiden: »Wenn du am Sonntag frei machen kannst, dann machen wir einen Kathi-Tag! Dann darfst du aussuchen, was wir unternehmen.«

Ich grinse über das ganze Gesicht und habe schon die erste Idee: »Ich würde gerne in eurer Ferienwohnung so ausgiebig duschen, bis der Vermieter mit dem Besenstiel gegen die Decke klopft.«

»Dein Wunsch ist uns Befehl«, lächelt Rainer.

Es wird genauso herrlich entspannt wie in meiner Vorstellung. Nach Melken und Melkgeschirrwäsche laufe ich nach Schwarzsee, wo Bine mich aufsammelt. Wir frühstücken gemütlich in der Ferienwohnung, fahren mit der Gondel auf einen Berg, gehen ein bisschen wandern und schlemmen Merengue und Eis. Als die beiden am nächsten Abend noch einmal auf die Salzmatt kommen, bitte ich Markus, die Kühe melken zu dürfen, damit sie das auch noch erleben können. Also zumindest Bine. Rainer bleibt in sicherer Distanz auf der Terrasse.

»Komm, Bine, die sind alle ganz lieb«, rufe ich sie zu mir in den Kuhstall, während ich die Kühe anbinde.

»Nein danke, ich bleib lieber draußen«, winkt Bine ab und positioniert sich, als alle Kühe fixiert sind, fluchtbereit im Türrahmen.

Der Reihe nach stelle ich ihr die Ladys vor. »Und ganz rechts ist Romy, die Mutter von Romana, dem Kälbchen, das kennst du ja schon«, erkläre ich. Ach Bine, willst du nicht einfach hierbleiben?

Mittlerweile kommt untertags niemand mehr zur Erfrischung in die Berge, denn hier ist es nicht mehr kühler als im Tal. Die Rinder auf der Kaiseregg-Weide sind an Tagen, an denen wir sie nicht einstallen, ohne Hoffnung auf Schatten. Wenn es mit der Hitze so weitergeht, werden sie auch auf der nächsten baumlosen Weide, dem Ritz, den ganzen Tag in der Sonne stehen. Markus zeigt mir den ersten Fall von Gämsblindheit. Milchig weiß ist das rechte Auge des jungen Rindes. Wenn die

Behandlung nicht anschlägt, kann es erblinden. Wir lassen es ein paar Tage lang im Stall. Dafür können wir Heu ernten, ohne ständig darum bangen zu müssen, ob es trocken bleibt.

Als ich gerade nach dem Frühstück den Ziegenstall fertig ausgemistet habe und mit der Schubkarre aus dem Stall komme, sehe ich Markus, die Buben und ein Ferienkind schon das Gras wenden, das Markus gestern gemäht hat. »Komm, Kathi, hilf uns, es hat keinen Tau«, treibt Markus mich an.

Diese Hitzewelle ist wirklich das komplette Gegenteil des letzten Sommers. Was ich vor einem Jahr gelernt habe, gilt jetzt nicht mehr. Selbst über Nacht trocknet das Gras! Umso schneller kommen wir voran, sodass die Familie pünktlich zum 125-jährigen Jubiläumsfest der Alpgenossenschaft auf- brechen kann, das eine Alp weiter, auf der Riggisalp, gefeiert wird.

Das Ferienmädchen und ich machen derweil weiter. Am Nachmittag ziehen wir fast zwei Stunden lang das Heu in Wälme, damit Markus es später mit dem Schilter aufladen kann. Die Sonne und die Waden brennen um die Wette. Zum Glück habe ich vorhin Handschuhe angezogen, sonst hätte ich jetzt nicht nur blasige, sondern auch sonnenverbrannte Hände. Um kurz vor vier haben wir es geschafft. Das Heu liegt in sauberen Linien für Markus und den Schilter bereit. Etappenziel erreicht!

Als wir zurück zur Hütte schlendern, sehen wir Aebys über den Wanderweg heimwärts kommen. Die Szene, wie sie im schönsten Sonnenschein daherspazieren, die beiden Großen beieinander, die drei Kleinen mal hier-, mal dorthin springend, hat einen Wimpernschlag lang etwas Idyllisches. Nicht eine einzige Wolke trübt das Bild. Doch plötzlich braust aus dem Nichts eine gewaltige Windböe auf und fegt über unsere Köpfe hinweg. Intuitiv drehen wir uns um und müssen hilflos mit ansehen, wie sie geradewegs durch das Heu rauscht. Damit löst sich unserer Hände Arbeit in Sekunden wortwörtlich in Luft auf. Die Wälme zerfleddern, das Heu fliegt auf die Nachbarweide und hängt in Fetzen in Stacheldrahtzäunen. Mir fehlen die Worte.

Wenigstens hat Markus vom Wanderweg aus noch gesehen, dass die Arbeit eigentlich gemacht war. Bei uns angekommen, schwingt er sich auf den Schilter, um einzufahren, was einzufahren geht, bevor noch mehr Ernte von dannen windet. Ja, Freud und Leid liegen manchmal wirklich dicht beieinander, und leider kommen wir nicht drumherum, beides anzunehmen.

Die Hitze hat sich nun vollends auf uns gesetzt. Seit Tagen, seit Wochen ist das Bild das Gleiche: Spiegelglatt leuchtet der Berghimmel von früh bis spät. Von Wolken fehlt jede Spur. Das Gras auf den Weiden hat an Kraft verloren. Oft weht kein Wind, und wenn, dann fühlt er sich an wie Warmluft aus dem Föhn. Wenn ich morgens in den Ziegenstall gehe, trete ich durch eine Wärmeschleuse wie im Winter am Eingang von C&A, nur dass es hier hinter der Wärmeschleuse genauso heiß bleibt wie darin. Auf dem hartgetrockneten Boden der Weiden rutsche ich bergab im Rinderkehr ständig aus. Schwüre bekomme ich gar nicht mehr in die Erde geschlagen. Besucher kommen abends für ungewöhnlich laue und unendlich scheinende Stunden Bergpanorama. Es gibt schon lange keinen Abend mehr, den wir nur für uns haben.

So wie letztes Jahr, nur ganz anders, ist das Wasser wieder Gesprächsthema Nummer eins. Auf der Kaiseregg-Weide versiegen die Quellen. In ihrem Durst reißen die Rinder die Brunnen aus der Verankerung und versuchen, direkt aus dem Rohr zu saufen. Vergeblich. Wir öffnen ihnen den Zugang zum See. Die Quelle auf der Salzmatt-Seite indes sprudelt unaufhörlich.

»Mit der hatten wir noch nie Probleme. Die läuft immer«, erklärt Stefanie mir beim Zmoorge. Wir werden also nicht, wie manch andere Alp in der Region, von Helikoptern mit Wasser versorgt werden müssen.

Da steckt unser Nachbar den Kopf durch die Tür: »Unsere Zisterne ist leer. Ich wollte fragen, ob wir die Pferde bei euch tränken dürfen.« Der Regentanz, über den wir in den letzten Tagen viel gelacht haben, hat offensichtlich nichts gebracht.

»Und wie wollt ihr für euch selbst an Wasser kommen?«, erkundigt sich Stefanie.

»Wir könnten Kanister abfüllen und von unseren Pferden nach oben tragen lassen«, erklärt er.

Damit steht seine Beschäftigung für die nächsten Tage fest. Wir sehen ihn mit kleinen Gruppen von Pferden, vier, fünf oder sechs, zu unserem Brunnen hinter der Hütte gehen. Jedes Pferd kommt zweimal täglich dran. Bergab führen, saufen lassen, bergauf führen. Ein Logistikprojekt der besonderen Art.

Holzerwoche

»Lueg, Kathi, schau, Kathi«, strahlt Pascal mich an, als ich zum Zmoorge die Küche betrete. »Ich hab schon meine Holzersachen angelegt. Die hat Valentin mir mal geschenkt«, präsentiert er mir die rote Latzhose und das warngelbe Shirt. Dann setzt er sich den Helm auf. »Schau, so bin ich ein richtiger Holzer!«, schlägt seine Vorfreude Purzelbäume, und beim Frühstück schlenkern seine Beine fiebrig unter dem Tisch.

In den letzten Tagen sind die Buben immer unruhiger geworden.

»Wann kommt Valentin?«, hat Pascal ein ums andere Mal gefragt. Heute ist der Neunjährige besonders früh auf den Beinen. Schon lange vor dem Frühstück hat die Aufregung ihn geweckt. Um die Zeit totzuschlagen, bis endlich, endlich sein großes Vorbild kommt, hat Pascal Markus auf seiner morgendlichen Milchablieferungstour zur Käserei begleitet.

»Wann kommt Valentin?«, fragt er nun am Frühstückstisch wieder und kippelt dabei nervös auf seinem Stuhl.

»Nume ruhig«, lächelt Markus Pascal an, »er wird wohl schon noch kommen. Hilf doch gleich beim Rauslassen, damit wir dann loskönnen, sobald er da ist.«

Pascal nickt eifrig. Wahrscheinlich würde er für jede einzelne Minute, die er mit Valentin verbringen kann, einen Stall ausmisten.

Tag 3 der Holzerwoche. Wir zerfließen unter den Helmen und Schnittschutzhosen. Für die Hitze, in der wir uns abrackern, haben wir keine Worte. Die Luft steht. Vögel haben sich schon lange nicht mehr blicken lassen, und bei diesen Temperaturen verspricht auch der Schatten keine Abkühlung mehr. Die Abgase der Motorsägen flirren. Ich muss an Straßenbauarbeiter denken, denen ich mitleidige Blicke schickte, wenn sie Asphalt gossen, während andere Leute mit Kind und Kegel und Schwimmflügeln an Bord an ihnen vorbei ins Freibad düsten. Fast unwirklich kommt mir die Szenerie vor. Es ist so absurd, dass es doch auf eine Art anregend ist. Berauschend. Das gemeinsame Schwitzen und Ächzen schweißt uns zusammen. Wäre doch gelacht, wenn wir das nicht schafften! Beim Entasten der zweiten Fichte für heute, drüben auf der anderen Seite vom Bach in der Knallsonne, muss ich die Motorsäge häufiger als sonst absetzen. ›War die schon immer so schwer?‹ Markus ruft zu mir rüber: »Kathi, was ist los?«, und ich weiß zum Glück, dass er nur Spaß macht. Ich bleibe noch eine Minute auf dem Stamm hocken. 255 Schwüre später wache ich nachts auf, weil meine Arme und Hände eingeschlafen sind.

Tag 5. Der Enthusiasmus der Buben hält sich mittlerweile in Grenzen. Sie haben sich zum Spielen in den Wald verzogen. Mittags sparen wir uns den Weg zur Salzmatt und grillen Cervelats über einer Finnenkerze in einem Bachbett. Wir haben Hunger, aber wenig Appetit. Für eine kurze Siesta hauen wir uns alle ins Sägemehl. Bald ist von den vier Männern und Jungs um mich herum kein Mucks mehr zu hören. Nur der Bach plätschert leise vor sich hin, und manchmal summt eine Bremse über uns hinweg.

Kurze Zeit später surren im ausgestorbenen Wald wieder die Motorsägen. Fürs Scherzen fehlt uns die Spucke. In unsere Arbeit vertieft kommen wir gut voran. Die Sägen sind so durstig wie wir. Äste und Baumrinden schleifen wir in Senken, auf dass diese sich schließen. Die schottischen Hochlandrinder, die hier später wieder weiden, werden sie feststampfen. Langsam wird es Zeit, die Uhr im Blick zu haben, das Melken rückt näher, und die Salzmatt ist ein gutes Stück entfernt. Plötzlich taucht der Besitzer des Waldstücks, in dem wir gerade holzen, auf, in der rechten Hand einen gelben Eimer.

»So, habt ihr es fast geschafft?«, grinst er uns an und schiebt gleich hinterher: »Kommt, macht eine Pause, ich habe das Zvieri mitgebracht!« Das lassen wir uns nicht zweimal sagen. Wir klettern zu ihm und hocken uns auf den Waldboden. Schon drückt er mir eine eiskalte Flasche Bier in die Hand, noch nass vom Wasserbad im Eimer. Goldene, unbezahlbare Schlucke rinnen meine Kehle hinab, langsam, einer nach dem anderen, bloß nicht zu schnell! Die Buben lassen kühle Weintrauben in ihren Wangen platzen.

Am letzten Holzertag wartet die Arbeit auf uns, vor der mir seit Tagen graut. Wir müssen alle 420 Schwüre, die wir gemacht haben, quer durch den Wald bis zum Schilter tragen, der die Zaunpfahlproduktion dann zur Salzmatt transportieren wird. Über zwei Gräben, die unseren Laufweg sabotieren, legt Valentin schmale Fichtenstämme als Schwebebalken. Wieder und wieder pendeln wir zwischen dem Schwürestapel und dem Schilter hin und her. Die Sägekanten der frischen, feuchten Schwüre schneiden in meine Arme, aber ich kann mich angesichts der Hitze nicht dazu überwinden, ein Hemd mit langen Ärmeln anzuziehen. Lange ist kein Ende in Sicht. Aber irgendwann ist auch diese Aufgabe geschafft, weil wir sie begonnen und einfach immer weitergemacht haben.

Zurück auf der Salzmatt laden Valentin und ich die Pfähle vom Schilter ab und stapeln sie neben der Hütte. Unter einem Blechdach können sie in den nächsten Wochen trocknen, bevor sie für den Winter in den Stall umziehen. Die Schwüretüscha, der Zaunpfahlstapel, ist alles, was von der Holzerwoche bleibt. So wenig und doch so viel, und als ob es eine Regieanweisung gegeben hätte, bricht nach dem Abendessen ein Gewitter über die Salzmatt herein, das in einen langersehnten Regen übergeht.

Fragil

An Tag 4 nach der Holzerwoche ist es passiert. Ich habe mir, zum Glück nur ganz wenig, mit der Motorsäge in den linken Daumen gesägt.

Ich hatte gerade einen alten Zaunpfahl in ofengerechte Stücke geschnitten, als mir die Säge das Holz aus der Hand riss und ich nicht schnell genug loslassen konnte. Die Hand flog dem Holz hinterher. Flog hin zur Säge und nach der Schmerzexplosion genauso schnell wieder weg. Ich erinnere mich, dass ich die Säge reflexartig ausschaltete und in die Küche rannte. Mein Ziel war Stefanie. Schluchzend hielt ich ihr die blutende Hand hin. Ihr war sofort klar, dass das eine Motorsägenverletzung war. Vor lauter Fetzen und Blut konnte man nichts erkennen. Sie setzte mich auf die nächstbeste Bank. Livia drängte sich an mich und tröstete mich. Markus, Yves und Pascal kamen hinzu, um zu sehen, was los war. Nach der ersten Aufregung sprach keiner mehr ein Wort. Nur Stefanie stellte mir Fragen, die ich entweder kopfschüttelnd oder nickend beantwortete. Dann versorgte sie die Wunde, wobei ich jaulte und wimmerte. Beim Mittagessen kurz danach saß ich mit verbundenem Daumen am Tisch. Es gab gebratene Innereien, doch ich konnte nichts anrühren. Dann legte ich mich für ein, zwei Stunden hin.

Jetzt ist es zehn vor drei in der Nacht. Alles ist anders. So ein kleines Stückchen meines Körpers, solch ein Schmerz. Ich stehe neben mir. Ich weiß nicht, ob ich schon im Schlaf geweint habe oder ob die Tränen erst jetzt wieder laufen. Ich stehe auf, nehme Ibuprofen. Es tut so weh. Es soll endlich aufhören, wehzutun. Ich gehe auf und ab, will wieder müde werden, mich beruhigen. Ich weiß, dass ich dafür dankbar sein muss, dass nicht mehr passiert ist. Aber der Schmerz geht so tief, durch den ganzen Körper. Ich weine, weil es so wehtut, weil ich einsam bin und weil ich nicht besser aufgepasst habe. Ich verspreche, dass ich noch vorsichtiger sein werde. ›Bitte, lass mich nochmal einschlafen. Bitte.‹

Benommen erwache ich, als mein Wecker um Viertel nach sechs schellt. Ich habe tatsächlich noch ein paar Stunden

Schlaf gefunden. Langsam setze ich mich auf, die Motoren der Melkmaschinen im Ohr. Der Schmerz ist noch da, aha, aber nur noch dort, wo er hingehört: in der verletzten Hand. Für den Rest meines Körpers sieht die Welt heute wieder anders aus. Mithilfe der gesunden Hand ziehe ich mich an.

Als ich in die Küche komme, prasselt bereits ein Feuer im Ofen. Stefanie wird es, bevor sie für mich zum Melken gegangen ist, schon geschürt haben. Ich lege Holz nach, hole den frischen Ziegenkäse vom Abendmelken aus der Form und bereite das Zmoorge für uns und für eine Gästegruppe vor. Langsam, immer schön einen Handgriff nach dem anderen, die linke Hand hochhaltend. ›Fragil‹, denke ich, ›alles ist fragil.‹

Als ich früher auf dem Schulweg an den Stahlwerken im Littfetal entlangradelte, fiel mein Blick jeden Morgen auf das große Schild auf dem Betriebsgelände: »Unfälle verhüten ist höchstes Gebot.« Letztes Jahr, während des ersten Salzmatt-Sommers, hatte ich ihn im Ohr, wenn ich Stolperfallen aus dem Weg räumte oder in steilem Gelände unterwegs war. Just vor ein paar Tagen beschrieb ich in meinem Tagebuch, wie sich mein Körper nach der Hälfte dieses zweiten Bergsommers anfühlte: *widerstandsfähig, stark und breitschultrig.* Das war einmal. Jetzt muss ich erst einmal heilen.

Galopp

Immer, wenn ich denke, dass ich soeben alles erlebt habe, was man auf der Alp erleben kann, kommt wieder etwas Neues dazu.

Da tut in der Unwetternacht die ganze Hütte einen Hüpf, und ich weiß es, weil ich schon vorher erwacht bin, vielleicht so wie Tiere, die ahnen, wenn Großes naht. Dieser Moment, der kürzer als ein Atemzug ist, löst die Salzmatt von der Erde. In einer fließenden Bewegung heben wir ab und landen wieder sanft an unserem Platz. Ich atme ganz flach, um meiner Bewunderung Raum zu geben. Wie schaurig das gerade war, wie gespenstisch und wie schön, denn ich bezeuge all das im warmen Bett.

Dann schaffe ich es, in nur dreißig Minuten vom Seelihus zu den Stromstangen im Ritz aufzusteigen, sie nach dem Sturm der letzten Nacht wieder aufzurichten und zu befestigen, das Dach vom Stromhüttli mit Felsbrocken zu beschweren und pünktlich zum Rauslassen der Rinder zurück beim Stall zu sein.

Dann bleibe ich abends, als alle schon im Bett sind, mit dem Jeepli kurz vor dem Seelihus liegen und tapse allein durch die Dunkelheit zurück zur Hütte. Und das nur, weil ich nachsehen wollte, ob der Stromzaun funktioniert.

Die großen Höhepunkte des Alpsommers 2015 liegen hinter uns, das Heuen, das Holzen, die Geburt von Romana. Wie die Kinder habe ich mich auf all das gefreut. Ich wusste ja, anders als im ersten Sommer, was mich erwartet. Bin ich dafür zurückgekommen? Oder für ein anderes Leben, vier Monate am Stück?

Stefanie bereitet Pascal und Yves auf die Schule, die bald beginnt, vor. Markus pendelt weiter zwischen oben und unten. Ich nehme mal wieder den Kampf gegen Brennnesseln und Disteln auf. Diese Stunden, in denen ich mit Rex über die Berge streife und mit jedem Sensenschwung weiß, dass das, was ich gerade tue, Sinn hat, sind mir ans Herz gewachsen. Auf der Terrasse ist Sommer, auf den Weiden Herbst. Wenn ich auf einer Weide die Zäune abbaue, weil sie für diesen Sommer abgeweidet ist, schließe ich erneut den Kreis, den ich schon im letzten Herbst geschlossen habe. Ich bin ein Teil von ihm geworden.

Die vielen Gesichter der Berge. Ich darf sie schauen. Ich blicke auf friedliche Zeitzeugen, Wände aus Stein, die hier und da Moosen, Gräsern und Blumen eine Heimat schenken. Felskanten zeichnen scharfe Schatten auf ihre Nachbarn, ein Murmeli pfeift zur Abendstunde gleich unterhalb der Alpenrosen. Farbkleckse winken mir von Weitem zu, und der wilde Thymian grüßt mich, wenn mein Hirtenstock ihn streift. Ich sehe tosende Mächte. Wie die Natur sich selbst verschluckt hinter feuchten, schweren Schleiern, die selbst der Sonne trotzen. Ich sehe und fühle all das jeden Tag am eigenen Leib. Grenzenlos vielgestaltig, lockend und abstoßend, lieblich und gefährlich, gleich unter dem Himmel.

Generationen haben die Kulturlandschaft der Alpweiden, die sich so gefällig zwischen letzte Wälder schmiegen, erschaffen. Mit Sense, Schwentschere und Beweidung sorgen wir für ihre Erhaltung. Vielleicht gehe ich eines Tages Wanderwege reparieren oder einfach wieder Bergsteigen. Aber im Augenblick hält mich die Magie der Tiersömmerung in den Bergen gefangen, weil ich so umfangreich fühlen kann.

Halt

Ich habe das Gefühl, Bilanz ziehen zu müssen. In meinem Tagebuch sind nur noch wenige Seiten frei. Auf einem neuen weißen Blatt beginne ich eine Liste. Stefanie sitzt neben mir und liest in den Zeitungen, die uns jemand vor ein paar Tagen nach oben gebracht hat. Nach zwei Einträgen beobachte ich, wie sich meine Hand mit dem Stift auf das aufgeschlagene Buch legt. Mein Kopf dreht sich zum Fenster, ich blicke nach draußen.

Wie anstrengend das ist. Nicht das Schreiben, also nicht für die Hand, obwohl mir das noch logisch erschiene, weil ich den ganzen Tag Mist geschippt habe. Nein, das Zusammenspiel von Kopf und Hand, das über meine abendlichen stichpunktartigen Tagebucheinträge hinausgeht, ist so komplex wie eine Mathematikklausur im Abitur.

Habe ich in dieser Saison erlebt, wovon ich geträumt habe? Habe ich mich richtig entschieden? Die Lücken, die der letzte Sommer bei mir hinterlassen hatte, konnte ich schließen. Ich habe die Alp tatsächlich »in schön« erlebt, viele Wochen lang sogar überdurchschnittlich heiß und trocken. Ich genieße mehr, weil ich mich mehr fallen lassen kann, in meine Rolle, meine Arbeiten, und ohne Frage ist es angenehmer, im T-Shirt zu arbeiten als in Regenmontur und mit nassen Füßen.

Jetzt weiß ich auch, dass schönes Wetter nicht heißt, dass es weniger Arbeit gibt oder dass die Arbeit leichter ist. Oft vielleicht sogar im Gegenteil. Aber in der Routine und der Ortskenntnis, die ich dieses Jahr mit auf die Alp gebracht habe, liegt Freiheit.

Angesteckt von Stefanies Fähigkeit, die Dinge auf sich zukommen zu lassen, ist ihr »mier luege denn« – wir schauen dann – zu einem meiner Lieblingsleitsätze geworden. Ich habe gelernt, für das, was kommen mag, offener zu sein und die Lösung spontan, erst wenn es wirklich so weit ist und die Rahmenbedingungen auf dem aktuellsten Stand sind, zu finden. Meine Yogalehrerin wäre stolz auf mich. Zugegeben, »mier luege denn« passiert oft auch einfach so, ohne mein Zutun. An den Tagen, an denen ich allein auf der Salzmatt bin, kann ich zum Beispiel nicht planen, welche Tiere ich am Abend zuerst zum Melken einstalle. Entweder sind die Ziegen da oder sie sind nicht da, und die

Kühe muss ich sowieso immer persönlich bitten, sich zum Stall zu bequemen.

Ich blättere zurück zu der Seite, auf der die Aufzeichnungen zu dieser Alpsaison beginnen. Ich habe ganz vergessen, dass ich wieder eine Übersicht über die 18 Alpwochen angelegt habe! Hinter keiner einzigen Woche ist ein Haken gesetzt.

Die Vielseitigkeit der Erfahrungen, die ich hier oben sammeln darf, lässt mich immer wieder staunen. Die Schatzkiste wird voller und voller. Ich beginne eine neue Liste. *Was man auf der Alp lernen kann* notiere ich als Überschrift, die ich mit einer Linie aus Pünktchen unterstreiche. Jetzt füllt mein Stift zügig Zeile für Zeile, eine ganze Seite voll. *Klarheit, Einssein. Grenzen und Konsequenzen spüren und erleben. Authentizität. Unmittelbarkeit. Loslassen. Freiblick. Dass es immer ein Ergebnis gibt, und zwar sofort. Die Kuh ist gemolken. Der Stall ist ausgemistet. Der Baum ist gefällt. Es wird immer nach Lösungen gesucht, und zwar an Ort und Stelle: Wir flicken jetzt das Loch im Zaun. Wir suchen jetzt das verlorene Rind. Wir holen das Heu schnell ein, bevor es gleich regnet. Und man selbst ist immer elementarer Teil der Lösung: Dann melk du auch noch die Kühe, dann hol ich schnell das Heu ein.*

Was jetzt noch fehlt, ist, was das Wetter angeht, ein normaler Bergsommer. Markus hat für die nächste Saison auch schon mal vorgefühlt. Aber ich habe noch keine Antwort. »Mier luege denn.«

Ki Chance

Kein Tag gleicht dem anderen, die wenigen, die noch bis zur Abholung der Rinder bleiben. Nach und nach überführen wir die Rinder auf die Weiden nahe dem Seelihus, damit das Einstallen am letzten Tag schnell geht. Endlich reparieren wir den Gartenzaun, worum Stefanie uns schon vor Wochen gebeten hat, und bauen auf der Kälberweide eine neue Bank. Wir streichen die Terrassenbänke und -tische und Stefanie das Kruzifix. Wenn ich abends die Kühe in die Nacht entsende, küsst die Sonne die Bergkuppe und überzieht die Wälder und Weiden mit güldener Schönheit. Im erlöschenden Licht glüht der Atem der Kühe, und ihre Konturen leuchten so zart, dass ich sie berühren möchte. Manche sind schon durch das Törli der Nachtweide getreten, andere warten in zweiter und dritter Reihe. Stumm ruhen ihre Glocken. Unschlüssig, wie angegossen, blicken die Kühe dem Sonnenuntergang und der Nacht entgegen. Eine dreht sich halbherzig zu mir um. Das Buffet ist so gut wie abgegrast. Träume vom gemütlichen Winterstall liegen in der Luft.

Kuh Lotti wird mit den Rindern nach unten reisen. Vor etwa genau einem Jahr hat sie in einer Vollmondnacht Luna das Leben geschenkt, und zwar so flugs, dass ich die Geburt verpasst habe. Jetzt wird Lotti trotz mehrerer Besamungsversuche nicht mehr trächtig, und damit musste Markus eine Entscheidung treffen. Lotti soll auf einem Hof im Tal unterkommen und, wenn ich das richtig verstanden habe, gemästet werden. Wie viel Zeit ihr noch bleibt, kann mir niemand sagen, aber solange ich selbst Milch, Käse und Fleisch verzehre und Teil dieses Kreislaufs bin, hat mein Mitgefühl sowieso keinen rechten Platz.

Unter der Woche sind die Besucherströme versiegt. Nur an den Wochenenden ist in der Hütte schnell jeder Platz besetzt. Dann geht es zu wie im Taubenschlag. Sobald ein paar Hocker frei werden, sind sie auch schon wieder vergeben. Stefanie kennt die Rhythmik der Sonntagsbesuche ganz genau und versucht es hinzubekommen, dass wir bereits gegen halb zwölf zu Mittag essen können, bevor die Gäste Hunger haben. Aber oft kommt es anders. *Ki Chance z'ässe*, keine Chance zu essen, schreibe ich an solchen Tagen ins Tagebuch.

Und dann ist es plötzlich wieder ruhig. Es wird früh dunkel und kalt. Montagabends verfolgen wir das Älpler-wunschkonzert im Radio. Stefanie und ich blättern durch Zeitschriften und hören von der Flüchtlingskrise. An manchen Abenden schlage ich auf einem Brett vor der Hütte die Hefte gerade, die beim Abbauen der Stacheldrahtzäune krumm und schief übrig bleiben, sodass sie im Frühjahr wieder einsatz-bereit sind. Markus bringt noch schnell, bevor es dunkel wird, mit der Motorschubkarre Zaunpfähle auf die Ritz-Weide – auch eine Vorarbeit für den nächsten Sommer. Ich notiere mir endlich mal die verschiedenen Dialektwörter für rauf, runter, hinauf und herunter, die sich mir einfach nicht einprägen wollen: *wuy, uehi, obsi, uuf* versus *ay, aha* und *nidsi*. Besser spät als nie und wenigstens ein paar, denn das sind längst nicht alle. Beim Feierabendblick aus dem Küchenfenster an meinem Platz sehe ich nur mein Spiegelbild, eingerahmt von schwarzem Nichts. Muttis Wolljacke, die sie sich vor 46 Jahren für ihren Polterabend gestrickt hat, hält mich warm.

Mir schwant, dass in Köln bald wieder vieles auf mich einprasseln wird. Was man nicht alles soll! Karriere machen und Kinder kriegen ist ja »nur« das eine. Weiter geht's mit sich informieren und engagieren, Geld ausgeben und sparen, zum City-Imker werden und zum Guerilla-Gardener, fasten und schick essen gehen, ins Museum, in die angesagte Bar, zum Ehrenamt, zum Rückenkurs der Krankenkasse und zur Demo. Und dann hast du noch keinen Baum gepflanzt.

Aber genauso, wie ich mich im letzten Jahr dafür ent-schieden habe, Job und Wohnung an den Nagel zu hängen, auf die Alp zu gehen und mich selbstständig zu machen, kann ich jederzeit entscheiden, auf welchen Bühnen ich tanzen möchte. Und auf wie vielen und welchen Kanälen ich mir die vielen Möglichkeiten – Einladungen, Verlockungen, Ablenkungen – anbieten lasse. Wie gut, dass der Fernseher nicht in meine neue Wohnung in Köln einziehen durfte. Wie gut, dass man Apps auf dem Smartphone auch wieder deinstallieren kann.

Ich fühle, dass ich in diesem Alpsommer wieder gewachsen bin. Ich bin gefestigter, stärker. Ich kann jetzt besser auch mal sagen: Ich bin eben so, das macht mein Wesen aus. Zumindest denke ich das, aber das ist ja schon mal was.

Unser Nachbar pumpt noch einmal unser Gülleloch aus. Markus und ich tragen den Miststock ab und verteilen den Dünger auf den Weiden. Wir holen die Salzmatt-Rinder eine Weide weiter nach vorne und zäunen unten und hinten im Galutzi ab. Dann ist schon Milchannahmestopp in der Alpkäserei. Die letzten Käse aus der Milch dieses Sommers hat der Käser soeben aus der Form genommen.

Die Endlichkeit des Alpsommers vor Augen genieße ich noch einmal die großen und kleinen Momente. Die Dunkelheit am Morgen lähmt mich nicht. Ich wünschte, ich könnte die Energie, die mich hier in der Frühe aufstehen lässt, nach Köln exportieren. Ich gehe ein letztes Mal schwenten, Rex an meiner Seite, und mähe die Brennnesseln, die schon wieder nachgewachsen sind. Die Ziegen suchen in diesen Tagen ihr Glück auf dem Hohmattli und finden es anscheinend auch, denn sie kommen von dort nicht freiwillig zurück zum Melken. Wenn sie wüssten, was für eine Freude sie mir damit bereiten, wenn ich sie holen gehen muss! Heute ist es wieder so weit. Mit Stroh habe ich ihr Nachtlager eingerichtet, Kraftfutter, Heu und Melkmaschine stehen bereit, die Kühe und Markus ebenso. Nur die Ziegen fehlen noch.

Von der Terrasse aus nehme ich den direkten Weg in Richtung Hohmattli. Die Stelle gleich oberhalb des Wäldchens nach der großen Kurve, die sie den Sommer über oft am Nachmittag durchstreift haben, ist verwaist. Ich lasse das Plateau links liegen, schwenke nach rechts und erkenne die weißen und hellbraunen Punkte, garniert von dem einen schwarzen der Anführerin, geradeaus am Hang. Heute stehen sie noch nicht in Warteposition mit festem, fast vorwurfsvollem Blick in Richtung Abholer bereit, sondern sie tun das, was sie am liebsten tun: fressen. Als ich jedoch zum Lockruf ansetze, lassen sie so abrupt davon ab, dass ich vor Lachen meinen Singsang abbrechen muss.

Da freut sich aber jemand! Mami ist da! Und ob ich es will oder nicht, so fühlt es sich tatsächlich an, als zwanzig Ziegen alles stehen und liegen lassen und mir meckernd und bimmelnd entgegenlaufen. Bei mir angekommen, reiben sie sich an meinen Beinen, erzählen mir von ihren Abenteuern, und dann überholen sie mich, um jetzt doch zügig zum Stall zu kommen, die Gitzis wie Springböcke hintendrein. Es gibt einfach kein schöneres Gefühl auf der Welt, als nach Hause zu kommen.

Sternenstaub

Und dann ist er plötzlich da, der Tag, an dem die Rinder abgeholt werden. Schade, und: endlich, und: schon wieder. Kurz sehe ich mich vor einem Jahr. Aber die Ereignisse des aktuellen Sommers sind präsenter. Die lange Hitzeperiode, die gämsblinden Rinder, die vielen Tritte der Laufstallrinder, die Markus, Stefanie und ich einstecken mussten, und meine ganz persönliche Erinnerung an den Anreisetag der Tiere, als mich das Gguschti umgerannt hat.

»Hast du es schon gesehen, Kathi?«, fragt Markus mich, als ich ihm um zwanzig vor sechs den zweiten Melkboy zum Kuhstall bringe. Fasziniert schaue ich auf seine Atemwolken und stecke die frei gewordenen Finger angesichts der Kälte schnell in die Hosentaschen. Markus deutet zur Kaiseregg: »Siehst du es?« Und ja, tatsächlich, durch die Dunkelheit kann ich eine zarte Schneedecke ausmachen. Es ist nicht der erste Schnee dieses Sommers, aber der erste, der in der Nacht kam und bis zum Morgen blieb.

Beim Melkgeschirrwaschen, als die Sonne ihr Licht ihrer Erscheinung schon einmal vorschickt, entfaltet sich mir die ganze Szenerie. Verwunschen sehen sie aus, unsere Berge, verzaubert. Der Winter hat schon einmal einen zarten Vorboten über seine Welt gebreitet. Nebel drücken von der Kaiseregg auf das Seelihus und gleiten am Gebirgszug entlang. Heute ist die Salzmatt eine andere.

Einige der Salzmatt-Rinder, allen voran die eigenen von Markus, haben sich musterschülermäßig bereits stallbereit vor dem Törchen versammelt. In Gamaschen, Mützen und Handschuhen stapfen Yves und Pascal los, um die restlichen zu holen. Dann, als die Salzmatt-Rinder abholfertig eingestallt sind, folgt ein schnelles Frühstück und meine Chance, eine lange, wollene Unterhose anzuziehen. Markus gibt den Plan für das weitere Vorgehen durch. Als Nächstes sind die Hüttli-Rinder dran. Die Buben, die Hunde und ich treiben sie zusammen. Ich nehme sie mit über die Straße zum Seelihus und binde sie dort zusammen mit Markus an. Jetzt folgt die letzte Herde, die größte: Von der Weide beim Kreuz treiben wir sie über rutschige Abschnitte hinunter und auf die andere Seite zur Straße, die schließlich zum Stall führt. Trotz der schneidenden Kälte schaffe ich es, ein paar Fotos zu machen.

Nie werde ich vergessen, wie die Glocken der Gguschteni mit dem Schneepuder kontrastierten, nie, wie die Kulisse plötzlich nur noch weiß und grau und grün war, vorsichtig bestäubt mit einem Hauch von Winterschlaf.

Als Tuckern aus dem Tal den ersten Traktor ankündigt, ist es Viertel nach acht, und wir sind noch mit den Tieren unterwegs zum Stall. Markus gemahnt uns zur Eile. Beim Anbinden schmerzen die kältesteifen Finger. Beim Abschrauben der Nummernpläcklis sind sie wieder warm.

Sieben Stunden und einige Schneeschauer später sind alle Gguschteni abgereist. Markus und ich putzen den letzten Stall, wohl eher übermütig als wehmütig. Heute ist keiner von uns beiden getreten worden, ein guter Tag. Einfach war es zwar auch nicht, aber das ist schon Vergangenheit. Wir haben es geschafft.

Wir fahren mit dem Jeepli zur Hütte, wo Stefanie uns mit heißem Kaffee, Tee und Kuchen empfängt. Ich lausche Markus und dem Bergmeister bei ihrer Saisonabschlussfachsimpelei und spüre, wie meine Wangen langsam zu glühen anfangen. Doch bevor es zu gemütlich wird, muss ich wieder nach draußen: Bei den Ziegen und Kühen, die den Stall dem Winterwetter vorgezogen haben, muss vor dem Melken ausgemistet werden. Dann ist Melken. Und dann sind wir zu einem runden Geburtstag im Tal eingeladen. Wenn du denkst, es geht nicht mehr, kommt von irgendwo eine Party daher. Zu müde, um glücklich zu sein, sinke ich um Mitternacht ins Bett.

Mondfinsternis

Vier Tage bleiben mir noch, vier Tage über den Dingen.

Ich komme mir wie ein Seefahrer vor, der sein Schiff nach langer Fahrt schließlich auf Kurs Heimathafen hält. Langsam kommt das Ziel in Sicht, doch bis ich an Land festgemacht haben werde, verlangen Wind und Wellen meine volle Aufmerksamkeit. Auf den kurzen Landgängen zwischendurch, meinen freien Tagen, konnte ich an mein Leben daheim anknüpfen, das vier Monate lang ohne mich stattgefunden hat.

Bin ich dazu bereit, wieder in meinem anderen, meinem eigentlichen Leben vor Anker zu gehen? Gefällt es mir, nach vier Monaten draußen, draußen in der Natur und raus aus allem, acht Monate Schreibtisch, Stadt und Socializing vor mir zu haben?

Egal wie oft ich noch z'Bäärg gehen werde, es wird immer dazu gehören, dass die Saison nur über den Sommer geht. Im Herbst ist Schluss, für zweimal so lang wie ein Bergsommer. Der Seefahrer kann auch im Winter in See stechen. Der Älpler nur Ende Mai.

Einmal war ich, wie oft im Sommer, auf einer Bergtour in den Alpen unterwegs. Eine Woche lang wanderte ich von Hütte zu Hütte. Die Abende, wenn die Bergsteiger nach Sonnenuntergang auf den Hütten beisammensaßen, irgendwo auf dreitausend Metern, rundherum nur Stein, Eis und der Horizont, genoss ich mindestens genauso wie tagsüber die Gipfelstürme. Hier, unter Gleichgesinnten auf engstem Raum, inmitten einer ausgesetzten, unwirtlichen Natur, wuchsen Gemeinschaftsgefühle lange vor dem ersten Schnaps, und ich genoss den Zauber dieser Welt, bis wir wieder ins Tal abstiegen.

Was auch immer auf mich zukommt, wie auch immer es sich anfühlen wird, es muss warten. Die Abschlussarbeiten gehen weiter. Am heiligen Sonntag nach dem Rinderabtrieb hat ausnahmsweise niemand etwas dagegen, dass ich Brunnen putze und von den Wanderwegen Mist auf die Weiden schippe, denn Besucher, die angesichts der Sonntagsarbeit die Stirn runzeln könnten, bleiben im Tal. Für sie ist der Bergsommer vorbei.

Die Kälte werden wir nicht mehr los. Bei exakt null Grad gehe ich am nächsten Morgen zum Melken. Die schwarze Bise kriecht um die Ställe und unter mein Hemd. Ich ziehe die Schultern hoch und verdrücke mich schnell in den warmen Ziegenstall. Als alle Damen mit Frühstück versorgt sind und die Melkmaschine an den ersten beiden anhängt, gehe ich wieder raus, unter den Nachthimmel. Es ist der 28. September 2015. Nicht ein einziges Nebelband hindert meine Augen daran, die Mondfinsternis zu schauen. Gerade will ich Markus Bescheid geben, damit auch er das Spektakel erleben kann, da kommt Stefanie hinzu, Netti im Schlepptau. Stumm ruht unser Blick auf dem Schauspiel, das sich uns zum Greifen nah offenbart. Zu unseren Füßen liegen schwarz die vom Eis erstarrten Weiden. Von links tackert die Ziegenmelkmaschine, und unter allem summt der Motor der Kuhmelkmaschine. Unsere Arme haben wir um die Oberkörper geschlungen. Der Atem dampft. Die Zeit steht. Erst muss Markus zurück in den Stall, dann ich. Netti trottet Stefanie hinterher in der Hoffnung auf eine warme Küche.

Später bauen Livia und ich den Schwürestapel hinter der Hütte ab und verfrachten die Zaunpfähle mit der Motorschubkarre in den Stall. Wenn ein Fuder voll ist, klettert Livia für die Fahrt um die Hütte herum obendrauf. Sie ist Kutscherin und Kapitänin in Personalunion. Beim Abladen reicht sie mir die Zaunpfähle an. Ich staple sie so, dass sie den Winter über weiter trocknen können.

Und dann geht es wie jeden Tag mit Abzäunen weiter. Heute ist ein Freund zum Helfen gekommen. Wir legen die Zäune auf der Skipiste unterhalb des Kaiseregg-Wanderwegs und die Grenzzäune zum Nachbarn ab. Markus und sein Freund plappern so fröhlich wie vorhin Livia und ich und machen mit jedem Zaunmeter, den sie ab der Kurve abbauen, den Weg für die Skifahrer frei. Beim Törli zwischen den Bäumen unten in der Ecke zu Nachbars Weide zeigen die Männer mir, wie man von der Salzmatt aus nach Schwarzsee hinuntersausen kann.

Seit letzte Woche die Rinder abgeholt worden sind, rahmen nur noch das Morgen- und Abendmelken meine Tage ein, und das Winterfestmachen der Salzmatt spielt die Hauptrolle. Aber noch immer ist Raum für Geschenke. Um kurz nach zwei in der Nacht helfen Markus, Stefanie und ich einem Muni auf die Welt, einer dunkelgrauen Schönheit mit einer feinen, weißen Zeichnung auf der Stirn.

Wir arbeiten scheinbar mühelos, einem großen Plan folgend, denn was zu tun ist, ist klar. Wir bringen die Terrassenbänke und -tische ins Winterlager auf der Heubühne, putzen und verräumen Brunnen, tragen den Rest des Miststocks ab, waschen die Ställe und Stefanie Maschine für Maschine Kleidung, Handtücher, Bettwäsche. Am letzten Abend, es dunkelt bereits und ich lasse gerade die Kühe für die Nacht auf die Weide, klettern Markus, Peter, Yves und Pascal ins Jeepli, um das Heugebläse beim Seelihus abzubauen. Ich schrubbe noch zwei Brunnen, bis ich die Hände nicht mehr vor Augen sehen kann. Stefanie belädt Peters VW-Bus mit vollgepackten Umzugskisten. Eine letzte gemütliche Runde am Küchentisch. Ein letzter Appenzeller. Es wohnt nicht nur allem Anfang ein Zauber inne.

GROSSTADTWINTER

Drehscheibe

Diesmal also Köln. Seit Basel sitze ich in dem ICE, der mich zum Kölner Hauptbahnhof bringt. Fast jeder Platz ist besetzt, die meisten von Geschäftsleuten in Anzug und Trenchcoat. Auf meinem Platz am Gang habe ich mich in den letzten dreieinhalb Stunden treiben lassen. Durch das Breisgau, Mannheim, Frankfurt, durch Gesprächsfetzen, Handytelefonate, das Rascheln einer Zeitung, die Erkältung, die von meinem Körper Besitz ergreift. In Gedanken war ich mal im Ritz, mal im Schweinestall, im Jeepli und im Homeoffice. Vielleicht ist es doch ganz gut, dass das Beamen noch nicht erfunden wurde und mir etwas Zeit bleibt zwischen den Welten. In ein paar Minuten sind wir da.

Heute früh habe ich Stefanie und den Kindern beim Melken auf Wiedersehen gesagt, die Kinder sind zur Schule gefahren und Stefanie auf einen Ausflug mit den Landfrauen. Wenn ich jetzt daran denke, brennen wieder Tränen in meinen Augen. Ich glaube, Stefanie ging es für einen Moment genauso. Das, was wir diesen Sommer miteinander erlebt haben, hat uns noch fester miteinander verbunden.

Die letzten Stunden bis zu meiner Abreise waren, ja, typisch. Nur weil jemand abreist, bleibt das Leben nicht stehen. Ich spulte mein Morgenprogramm ab. Nach dem Zmoorge wollte ich noch flugs die Ziegen rauslassen und ausmisten, doch Markus stoppte mich. »Ich mach das nachher, Kathi. Du hast bestimmt noch genug mit deinem Gepäck zu tun, und jetzt sind die Weiden sowieso noch gefroren.« Ich nahm an.

Wenn ich eins auf der Salzmatt gelernt habe, dann das: Hilfsangebote anzunehmen. Und umgekehrt: nur ernstgemeinte Hilfsangebote auszusprechen. Für Höflichkeitsfloskeln ist kein Platz.

»Der Ausstieg in Fahrtrichtung links. Exit to the left in the direction of travel.« Als die Passagiere sich bereit machen, ahne ich Schlimmes. Mit dem großen Rucksack auf dem Rücken, dem kleinen vor dem Bauch, dem Hirtenstock in der rechten und dem kleinen Koffer in der linken Hand stehe ich eingeklemmt im Gang. Eine Frau will ausgerechnet jetzt aufs Klo und quetscht sich an der Schlange aus Menschen und Gepäckstücken vorbei. Jeder Zweite spricht mit seinem Handy, die andere Hälfte checkt im Stehen wer weiß was auf dem Smartphone. Ich bin nass geschwitzt und halte mich an meinem Stock fest. Jetzt noch über die Hohenzollernbrücke. Hätte ich nicht das Gepäck auf meinem Rücken, könnte ich mich vorbeugen und kurz den Dom grüßen.

Irgendwo weiter vorne öffnet sich die Türe. Die Menge schiebt mich dem Ausgang zu. Ich purzle in ein Meer aus Anzügen, Aktentaschen, Kinderwagen. Die Durchsage auf meinem Gleis konkurriert mit der Durchsage vom Nachbargleis. »Die nächsten Anschlüsse …, achten Sie auf Ihre Wertsachen«. Ich werde weitergeschoben. Die Wartenden am Gleis haben Kaffeebecher, Döner und Zigaretten in den Händen. Zwischen Beinen sehe ich Kinder und Hunde. Der Tross erreicht die Rolltreppe. Ich atme flach. Unter den Gleisen angekommen, rattert ein Zug über mich hinweg. Ich treffe eine Entscheidung. Ich muss das hier schnell hinter mich bringen. Zu den Taxen geht es nach links, durch den Hinterausgang, zwischen den Rauchern durch. Endlich frische Luft. Ein tiefer Hubschrauber. Ein Auto hupt einmal, zweimal. »Verpiss dich!«, johlt der Radfahrer. Zwei Busse halten mit laufenden Motoren am Straßenrand. Der Taxistand ist nah. Zwischen dem Billigbäcker und McDonald's die ersten Obdachlosen. Der Fahrer des vordersten Taxis steigt aus und nickt mir zu. Zuerst verstauen wir mein Gepäck, dann mich.

Wir fahren los und stehen sogleich im Stau. »Alle Brücken sind dicht. Welchen Weg soll ich nehmen?«, erkundigt sich der Fahrer. Der Mann kann ja nicht wissen, dass seine Frage mich überfordert, und so überlasse ich ihm die Entscheidung.

Sieben Flugzeuge im Landeanflug über mir zähle ich auf der Taxifahrt. Sonst mache ich nichts. Den Haustürschlüssel habe ich schon im Zug hervorgeholt.

Ich habe es geschafft. 45 Minuten nach der Einfahrt im Hauptbahnhof schließe ich die Haustür auf, schiebe das Gepäck in den Flur und bin erschöpfter als nach drei Tagen Holzen. Zuerst inspiziere ich die Wohnung. Die Untermieter haben sie ordentlich hinterlassen. Aus der Abstellkammer im oberen Stockwerk hole ich die persönlichen Dinge, die ich weggeschlossen habe. Alles kommt wieder an seinen Platz und die erste Ladung Alpwäsche in die Waschmaschine. Dann melde ich mich bei meinen Eltern zurück. Und gehe ins Bett.

Die erste Nacht zurück in Köln ist keine gute. Husten, Halsweh und das Durcheinander in meinem Kopf haben mich nur wenig schlafen lassen.

Am Morgen werfe ich die nächste Waschmaschine an und fahre mit Bus und Bahn zu Mareike und meinem Auto. Zuerst wollen wir unser Wiedersehen feiern und zusammen frühstücken, dann will ich den Wagen zur Anmeldung bringen. Doch die Autobatterie ist leer, und bis wir mithilfe eines Freundes von Mareike, der zufällig da ist, Ersatz organisiert und angeschlossen haben, schaffe ich es nicht mehr rechtzeitig zur Zulassungsstelle. Ich fahre nach Hause, wasche die nächste Ladung, gehe Lebensmittel einkaufen und zurück ins Bett.

Der Bergsommer liegt wie ein ausgelesenes Buch hinter mir. Er ist vorbei, abgeschlossen. Grenzenlose Dankbarkeit trägt mich. Das Gefühl, vier Monate lang zur richtigen Zeit am richtigen Ort gewesen zu sein, wirkt nach. Manchmal kann ich mein Glück nicht fassen.

Jetzt bin ich wieder an meinem anderen Platz. Es fühlt sich gut an, direkt durchstarten zu können – in meiner Wohnung, in meiner Selbstständigkeit, anders als im letzten Herbst, als ich bei meinen Eltern Unterschlupf gefunden habe. Aber nun ist es wieder an mir, Stück für Stück meine Tage zusammenzupuzzeln. Auf der Salzmatt ist alles von allein auf mich zugekommen, die Arbeit, die Erlebnisse. Zurück in meiner Singlewohnung in der Großstadt liegt es in meiner Verantwortung, mich dem Leben auszusetzen. Das macht kein anderer für mich, und es braucht Kraft.

Ich weiß jetzt, welches Prinzip ich auf der Salzmatt erlebt habe und ohne das ich nicht mehr leben möchte: Gleichgewicht. Zum Beispiel, wenn wir die Landschaft zwar bewirtschafteten, dabei aber vorsichtig und umsichtig mit ihr umgingen. Wenn wir Dinge reparierten, auch zum fünften, sechsten, siebten Mal, anstatt gleich Ersatz zu kaufen. Wenn ich den Tieren ihre Milch nahm, ihnen aber mit Achtung und Liebe begegnete. Wenn Stefanie und Markus mich nicht nur mit Geld, sondern auch mit Wertschätzung und Vertrauen entlohnten. Und ja, ganz einfach, wenn ich Hunderte von Kalorien verbrauchte und das Loch im Bauch wieder auffüllen konnte.

Stell dir vor, du gehst arbeiten und alles, was du tust, ergibt Sinn. Unmittelbar. Stell dir vor, du kannst dich blind auf deine Kollegen verlassen. Und stell dir vor, Arbeit und Leben gehen Hand in Hand. Die Landschaft um dich herum ist die deiner Träume. Die Schönheit der Schöpfung und die Einsamkeit schenken dir Gedanken und Gefühle, die dein Herz weit und tief machen. Dann, so habe ich es auf der Alp erlebt, bin ich im Gleichgewicht. Und kann aus meiner Mitte heraus ganz ich selbst sein, und das ist vielleicht eine der besten Versionen, die es von mir gibt.

Ich habe mich bei der Flüchtlingshilfe angemeldet. Heute werde ich zum ersten Mal als Ehrenamtlerin an der »Drehscheibe« am Flughafen Köln/Bonn zum Einsatz kommen.

Bei der Rückkehr in meine Wohnung war mir gleich aufgefallen, dass ich neue Nachbarn bekommen hatte. In der Turnhalle ein paar Häuser weiter waren Flüchtlinge untergekommen. Was mich auf der Salzmatt nur selten erreichte und schon gar nicht betraf, ist hier Realität.

Vom S-Bahn-Gleis aus weisen Schilder die Helferinnen und Helfer zu der riesigen Zeltanlage vor dem Flughafen. Zunächst bekommen wir Gummihandschuhe und eine Warnweste, dann eine Einweisung. Ein Mitarbeiter der Stadt Köln führt uns durch die Zelte. Die Ankömmlinge sollen, so gut es geht, gruppiert nach Sprache oder Herkunftsländern an den langen Reihen aus Bierzeltgarnituren platziert werden. Schokolade und Bananen liegen für den ersten Hunger bereit. Alle zwanzig Meter gibt es Ladestationen für Handys. In einer Ecke können Säuglinge versorgt werden, in einer anderen ist eine große Essensausgabe aufgebaut. Sogar an eine Spielecke und ein Gebetszelt hat man gedacht. Nebenan stapeln sich in der provisorischen Kleiderkammer Klamotten und Schuhe, vor allem Wintersachen, gegenüber beherbergt ein Container eine Erste-Hilfe-Station. Auch ein paar Krücken, Kinderwagen und Rollatoren sind da. Der Verantwortliche kündigt den ersten Zug mit etwa fünfhundert Personen an. Er rät uns, einfach unsere Herzen sprechen zu lassen. Es gehe um Nächstenliebe. »Sie werden das intuitiv richtig machen. Helfen Sie einfach, wo Sie können.«

Ich bin zusammen mit etwa zwanzig anderen Helfern dafür eingeteilt, die Flüchtlinge am Bahnsteig in Empfang zu nehmen und zu den Zelten zu geleiten. Wir verteilen uns über die ganze Länge des Bahnsteigs. Ohne Durchsage und ohne Anzeige fährt der Zug ein. Die Türen öffnen sich, aber es tut sich nichts. Ich lege meine Hände an die Zugscheibe, um besser hineinschauen zu können, und sehe schlafende oder ruhende Körper und auch voll besetzte Stehplätze.

Mit Händen und Füßen geben wir den Menschen im Zug zu verstehen, dass sie aussteigen sollen.

Wir rufen: »Welcome to Cologne!«

Ich klettere in den Zug, um besser helfen zu können. Der Geruch von Flucht, von Heimatlosigkeit schlägt mir entgegen. Manche Menschen haben Angst, andere sehen einfach nur unendlich müde aus. Und so viele Kinder. So viele Kinder! Ich lächle die erstbeste Mutter an und zeige ihr meine leeren Hände.

»Ich kann dir helfen! I can take your girl!«

Jetzt kommt Bewegung in den Waggon. Viel haben die Menschen nicht einzupacken, ein paar Plastiktüten, einen Rucksack, zerschlissene Sporttaschen. Zwei Kinder und ein paar Tüten klemmen unter meinen Armen. Ich halte

Blickkontakt mit der Mutter, die mit drei weiteren Kindern hinter mir herkommt. Wir schaffen es ins Zelt, ohne uns zu verlieren. Ich steuere den Afghanistan-Tisch an.

Wir Ehrenamtlichen fliegen. Der Verantwortliche hatte recht: Wir lassen unsere Herzen sprechen. Die Zeit ist knapp, die Flüchtlinge werden gleich nach der Erstversorgung zu Notunterkünften gefahren. Die Busse müssen bald starten, der nächste Zug ist schon kurz vor Köln. Wir verteilen Winterjacken, feste Schuhe und warmes Essen, rennen zwischen den Tischen und der Kleiderkammer, zwischen der Erste-Hilfe-Station und den Übersetzern hin und her.

Beim zweiten Zug bin ich für den Empfang im Zelt eingeteilt. Jetzt kann ich die Gesichter lesen. So viel Leid, so viel Hoffnung betreten nachts um halb elf das Eingangszelt. Alles, was ich tun kann, ist, wenigen einzelnen Menschen ein klein wenig zu helfen. Ich bekomme eine Ahnung davon, dass es das ist, was die Welt zu einem besseren Ort macht. *Be the story you want to tell.*

Ja

An meinem Schreibtisch unter dem Dach ist es irrsinnig gemütlich. Ich sitze gerne hier. Bei schönem Wetter umtanzt mich Kinderlachen vom Spielplatz am Ende der Straße. Ich schaue auf neun grüne Gartengrundstücke, um die herum sich die Nachbarhäuser im Rechteck aufgestellt haben. Am mächtigen Kastanienbaum lese ich die Jahreszeit ab. Eine Katze, ein Eichhörnchen und braun-graue und blau-weiß-silberne Vögel flitzen durch ihr Revier.

Ich liebe es, mit der Hand über das unversiegelte Holz des Tisches zu streichen. Es ist warm und weich, ein Stück Wald, und wenn es eines Tages ausgedient hat, wird es vergehen und neues Wachstum nähren. Wenn ich es berühre, bin ich in Gedanken auf der Alp. Ich schaue rechts unten auf dem Bildschirm des Laptops auf die Uhr. Es ist kurz vor halb zehn. Zeit, nach den Rindern zu sehen.

Es ist schön, die Alp im Kopf zu besuchen. Die Luft zu schmecken, die schweren Beine zu fühlen, im strömenden Regen die Kühe einzutreiben, mit allen am Küchentisch zu sitzen. Meine Erinnerungen sind voller Leben, voller Action, Drama und Überraschungen. Aber genauso schön ist es, wieder in meiner Wohnung zu landen. Eine Tasse Tee neben dem Laptop, die Füße an der Heizung, der Kühlschrank voll. Es macht mir Spaß, wieder mit dem Kopf zu arbeiten. Es fasziniert mich, für meine Kunden aus dem Nichts Ideen zu entwickeln und aus einem einzigen Gedanken einen ganzen Text entstehen zu lassen. Diese Befriedigung hat andere Qualitäten, als einen Zaun zu bauen. Aber beidem gemein ist die Versenkung in eine einzige Tätigkeit. Wenn ich eintauche in das, was ich gerade tue, und wenn das alles ist, was ich gerade will, fühlt es sich richtig und leicht an.

Ich vermisse die Alp nicht. Sie ist ja bei mir. Aber vielleicht vermisse ich sie auch deshalb nicht, weil der Bergsommer mit meiner Abreise geendet hat. Ich verpasse ja nichts! Da oben ist jetzt Herbst, vielleicht schon Winter, ohne Tiere, ohne Menschen, ohne Weiden. Alle Älpler sind zurück ins Tal gegangen, und so eben auch ich.

Die Tage werden kürzer und kälter. Ich erlebe die erste Vorweihnachtszeit in dieser Wohnung. Was die Heizung an meinem Schreibtisch an Wärme produziert, scheint sich gleich wieder durch das Dach zu verziehen. Nach dem Aufstehen gieße ich mir aus der Thermoskanne eine Tasse Tee ein, ein magerer Ersatz für den kuscheligen Ziegenstall.

In zwei Pullovern und mit zwei Paar Socken an den Füßen arbeite ich still vor mich hin.

Das neue Jahr hat mit viel Arbeit begonnen. Sollte ich im kommenden Sommer auf die Salzmatt gehen wollen, wäre ein finanzieller Puffer nicht schlecht. Ich gebe Gas und stecke meine Nase in die unterschiedlichsten Projekte. Bis Ende Februar hat Markus mir wieder Bedenkzeit gegeben.

Mein Leben hat sich eingependelt und besteht aus Arbeit, Ehrenamt und Unterwegssein. So anstrengend Dienstreisen auch sind, ich liebe sie. Ich fahre nach Hamburg und Österreich, ins Ruhrgebiet und ins Sauerland. Wenn ich im Zug sitze, arbeite ich oder entspanne beim Lesen. Auf Autofahrten denke ich stundenlang ungestört vor mich hin, ohne Radio, ohne Freisprecheinrichtung. Interessanterweise bin ich in Hotelzimmern besonders produktiv. Hier gibt es einfach nichts, was mich ablenkt.

Mitte Februar sitze ich mit Valentin im Auto. Es herrschen wieder perfekte Bedingungen zum Winterholzen. Wir fahren durch die Schneelandschaft, den Kofferraum voll mit Holzerwerkzeug. Zwei Tage lang haben wir schon mit gigantischen Laubbäumen zugebracht.

Als es ans Fällen ging, war Valentin noch aufmerksamer als sonst, denn hier lauerten andere Gefahren als im Nadelholz. Ich lernte Spanngurte und einen hydraulischen Keil kennen.

Jetzt ist an einer Abbruchkante in einem Hang eine dreißig Meter hohe Fichte zu Boden gegangen. Unterhalb des Fällkerbs hat Valentin mit einem zweiten Keilschnitt dafür gesorgt, dass sie nicht zu weit springt. Valentin und sein Freund hängen den gefällten Riesen an eine Seilwinde an. Der Baum ächzt und stöhnt, als er, gerade erst gefallen, wieder in

Bewegung kommt. Mit seinen Ästen wehrt er sich und krallt sich in die Erde. Jetzt liegt er so, dass wir ihn entasten können. Als er ganz nackt ist, hängen die Männer ihn wieder an die Seilwinde. Noch einmal umgehängt und umgelenkt, und die Fichte gleitet hinab in Richtung Straße.

An Tag 4 übersiedle ich von Valentin zu Aebys. Im Haus und im Stall gibt es ein großes Hallo. Alle sind daheim, als Valentin mich absetzt. Die Kinder haben Ferien. Stefanie hat mir schon Stallkleidung rausgelegt. Als ich zum Melken gehe, hängt Rex sich an meine Fersen und demonstriert herzerwärmend an mir klebend, wie lieb er mich hat.

Später sitzen Stefanie, Markus und ich mit dem Laptop am Küchentisch. Die beiden wollen die Kinder überraschen und morgen in einen Kurzurlaub aufbrechen. Wir finden eine freie Unterkunft für alle fünf und schlagen zu.

»Tip top, Kathi«, sagt Markus, »da werden die Kinder sich freuen!«

»Morgen früh zeigst du mir aber noch schnell alles im Stall, bevor ihr fahrt, ja? Ich kenne ja nur die Sommerabläufe auf der Salzmatt«, bitte ich Markus.

Damit ist das abgemacht. Pünktlich zum Konzert von Markus' Jodlerklub übermorgen Abend in der Schulturnhalle müssen sie zurück sein.

Die Urlaubsvertretung ist ein großer Spaß. An meiner Seite ist Großpapa Robert. Wir sind ein Dreamteam, er mit seiner lebenslangen Bauernerfahrung, ich mit meinen Geschichten aus der Stadt. Robert gibt alles und klettert wie ein junges Reh über zwei Leitern auf die Heubühne, um Heu zum Verfüttern nach unten zu werfen. Während die Tiere fressen, putzen wir die Ställe. An Wintertagen wie diesen, wenn die Tiere ganztags drinnen sind, kommt so einiger Mist zusammen. Dann melkt Robert die Ziegen, ich die Kühe, und zum Durchspülen des Melkzeugs treffen wir uns im Waschräumchen wieder.

»Willst du die Milch zur Käserei bringen oder soll ich?«, fragt Robert mich.

»Wie wär's, wenn wir zusammen fahren?«, frage ich zurück.

»Das ginge auch«, räumt Robert zögernd ein.

»Komm, zu zweit ist es viel lustiger!«, überrede ich ihn – zum Glück.

Denn seit wir in den Stall gegangen sind, hat es heftig angefangen zu schneien. Ich schätze, dass in der kurzen Zeit 15 Zentimeter Neuschnee zusammengekommen sind. Vorsichtig machen wir uns auf den Weg, zuerst zur Ziegenmilch-Käserei, dann zur Kuhmilch-Käserei.

Auf der Schotterpiste zurück nach Hause geht es leicht bergan. Ich kenne die zugefrorenen und zugeschneiten Schlaglöcher des Weges nicht auswendig und fahre zu zaghaft. Ich habe auch, ehrlich gesagt, keine Lust, im Stockdunkeln bei Minusgraden und blickdichtem Schneefall mit Opa und den Milchkannen an Bord auf der Weide zu landen. Nach drei Versuchen tauschen wir, und Robert klemmt sich hinter das Steuer. Souverän prescht er in einem einzigen Anlauf die Piste hinauf.

Keine 48 Stunden später, nach Jodlerkonzert, Alperinnerungen am Küchentisch, Schmusen mit Rex, Schnaps, Melken, Füttern, Ausmisten und Lachen hat Markus meine Zusage für die nächste Alpsaison in der Tasche. Zwei Wochen vor Termin. Und ohne dass ich nennenswert darüber nachdenken musste.

Läuft

»Du hast Markus zugesagt, oder?«, fragt mein Vater mich am Telefon, als ich mich nach der Reise zu Hause melde, und schiebt nach meiner Bestätigung seine typische Zwei-in-eins Frage-Aussage-Kombination hinterher: »Doch, willst du das nochmal machen!?«

Und ob. Die Zweifel des letzten Winters haben sich überholt. Es wird ganz bestimmt wieder funktionieren, das Untervermieten der Wohnung, das auf Eis legen der Selbstständigkeit, der Wechsel zwischen den Welten. Meine Freundinnen sind wenig überrascht. *War klar ;)*, schreiben die meisten, *wie toll!!!* oder *juhu* ☺, und keine Einzige fragt: *Echt?*

Die Entscheidung, die so leicht und schnell dahergekommen ist, dass sie kaum eine war, schmiert meinen Motor. Als Erstes erkundige ich mich bei meiner Vermieterin danach, ob ich die Wohnung wieder untervermieten darf. Ich darf! Dann rufe ich bei dem Unternehmen an, das im Vorjahr für zwei Mitarbeiter meine Wohnung übernommen hatte. Der neue Mietvertrag kommt! Ich kann förmlich dabei zusehen, wie sich alles fügt. Die Krankenkasse nimmt die dritte viermonatige Pausierung routiniert zur Kenntnis. Die Sachbearbeiterin beim Amt für Bevölkerung und Migration in Fribourg schickt mir das Aufenthaltsbewilligungsgesuch mit lieben Grüßen und der Ankündigung, mich im Sommer auf der Salzmatt besuchen zu wollen. Nur mein Auto, das werde ich dieses Mal nicht abmelden. Die paar Euro, die ich letztes Jahr dadurch sparen wollte, haben sich nicht gerechnet.

Ich packe die Tage voll. Bevor es eine Zeit lang nicht mehr gehen wird, kommt meine Patentochter nochmal auf Übernachtungsbesuch. Ich gehe auf eine Fachmesse in Berlin und absolviere Kundenworkshops in Hamburg und Österreich. In Schwelm feiern wir Bines Geburtstag, in der Krombacher Brauerei den meiner Mutter. Ich buche Flüge für ein Wochenende in Stockholm. Über die Osterfeiertage wandern eine Freundin und ich über den Rothaarsteig, zuerst im Schnee, dann im Nebel und schließlich im Regen. Beim Käsefondue über dem Campinggaskocher frieren wir mit dem mitgeschleppten Weißwein um die Wette. Und wenn es auf der Salzmatt auch wieder so furchtbar kalt wird? Das ist mir gerade herzlich egal. Ich hab Sonne im Herzen.

Reset

So fühlt es sich also an _____

_____

_____

_____

_____

_____

_____

_____ So fühlt es sich also an, wenn plötzlich nichts mehr ist, wie es war. Die Nachricht ist zu groß, als dass ich sie erfassen könnte. Zu groß. Zu groß. Wahr. Nein. Doch. Ich rufe Bine an, die weint und mich fragt, wo ich bin. Eigentlich in Stockholm, aber de facto in Köln. Ich rufe meinen Bruder Claudius an, der mich fragt, warum es diese Nachricht gibt. Weil sie wahr ist. Ich rufe meinen Freund Johann an und schreie, schreie wie noch nie in meinem Leben. Johann, Johann, Johann, Flo ist tot, ja, nein, Johann, Johann, Flo _____

_____

_____

_____

_____

Meine Hände packen einen Koffer, während meine Atmung einfach weitermacht. Schwarzer Anzug, schwarzes Kostüm, Kuscheltier, ich weiß nicht, wie lang ich fortbleiben werde.

»Ruf mich an, wenn du angekommen bist, versprich mir das.«

»Ja.«

»Bist du sicher, dass du fahren kannst?«

»Ja. Ich muss. Ich will.«

Jetzt sind meine Hände nicht mehr meine. Sie gehorchen mir nicht mehr. Krampfen sich um den Autoschlüssel, um das Lenkrad. Die Beine schwer wie Blei, das Reaktionsvermögen gleich null. Beim ersten Rastplatz halte ich an. Ich erreiche Kathrin nicht. Beim nächsten Rastplatz halte ich an. Ich erreiche Kathrin nicht. Beim nächsten Rastplatz spreche ich mit meinem Bruder Janni. Er war bis gerade im Krankenhaus. Mutti und Papa sind jetzt auf dem Weg nach Hause, er auch.

»Bis gleich. Fahr vorsichtig.« _____

_____

_____

_____

_____

_____

_____ Die Haustür vom Elternhaus bekomme ich nur mit Mühe auf. In den steifen Fingern ist keine Kraft. Erst will der Schlüssel nicht ins Schloss, dann wollen die Muskeln nicht helfen. Ich gehe ins Wohnzimmer. Leer. Wo sind alle? In der Küche. Mutti, Papa, Janni sitzen schweigend um den Tisch. Mutti steht auf und wir klammern uns aneinander.

Auf Sparflamme leben, jetzt weiß ich, wie das geht. Der Körper macht nur noch das, was er machen muss: einatmen, ausatmen, trinken, ausscheiden, wachen und mit ein bisschen Glück sogar schlafen. Nimm die schlimmste Grippe deines Lebens, addiere achtzig Lebensjahre, subtrahiere alle Lebensfreude und schlepp dich in eine Höhle. Und hier bleibst du. Niemand kann dir sagen, wo das Licht angeht. Oder wo der Ausgang ist. Und den willst du auch gar nicht sehen, selbst wenn du könntest. Du willst noch nicht mal wissen, wo er ist oder ob es überhaupt einen gibt. Jetzt nicht und noch lange nicht. Niemand kann dir sagen, wann dein Appetit oder dein Schlaf wiederkommt. Geschweige denn dein Lächeln. Und du weißt, dass es das jetzt erst einmal gewesen ist mit der Leichtigkeit des Lebens.

Es ist der 5. Mai 2016. Flo wurde nur 35 Jahre alt. Flo, der die Menschen mit seinem hellen Strahlen begeisterte und mit seinem Talent verzauberte. Flo, der noch so viel vorhatte und der der Welt so viel zu schenken hatte. Der Jüngste von uns musste gehen, mein kleiner Bruder.

Und ich werde in drei Wochen auf der Alp erwartet. Wie erzählt man eine Geschichte, für die man sich eigentlich ein anderes Ende ausgedacht hat? Wie findest du Frieden, wenn das Schicksal dich zum Kampf aufgefordert hat? Wie passt alles zusammen, muss alles zusammenpassen, denn das alles ist ja mein Leben?

Wir waren noch einmal bei Flo. Wir haben ihm mitgegeben, was wir als Menschen hier unten auf der Erde mitgeben können. In Musik und Briefe gepackte Liebe, ein Familienfoto. Schon ein paar Minuten später ist der Leichenwagen – wurde dafür noch kein schöneres Wort erfunden? – auf dem Weg in die Friedhofskapelle, vorbei an unserem Elternhaus. Papa und ich fahren hinterher und beobachten, wie der Gärtner das riesige Meer aus Farben und Düften arrangiert. Ich gehe noch einmal zu Flo. Lege meine Hand auf den Sarg, spreche mit ihm. Eben noch konnte ich ihn sehen und berühren, gleich werden seine besten Freunde ihm die letzte Ehre erweisen und ihn in das Grab, sein Grab, hinablassen. Das ist doch alles nicht zu glauben.

Ein paar Tage nach der Beisetzung lese ich an den Wänden meiner Höhle die Frage: Was soll ich denn jetzt machen? Die Alp wartet. Was für mich bis vor Kurzem noch Freiheit hoch zehn bedeutete, wirkt nun wie ein Gefängnis. So weit weg von Flo, allein, und vier Monate lang, gerade jetzt, ohne die Möglichkeit, mich in die Arme einer Freundin zu flüchten. Aber was war Freiheit nochmal? Wie fühlte sich das an? Ewigkeiten scheinen vergangen.

Ich mache eine Liste. Über der linken Spalte steht: *Warum gehen?* Über der rechten: *Warum bleiben?* Die linke Liste ist kürzer, es steht drei gegen fünf. Eigentlich will ich gehen. Wir haben das auch schon in der Familie besprochen, das Für und Wider abgewogen und überlegt, was für mich selbst und was für die Familie besser sei. Mag sein, dass es die falsche Entscheidung wäre, zu gehen, mag sein, dass es die falsche wäre, zu bleiben – wer kann das schon wissen? Das Leben geht weiter, zu diesem Zeitpunkt noch leider. Alles ist vorbereitet, die Wohnung ist untervermietet, die Selbstständigkeit liegt zum Monatsende auf Eis, und in der Schweiz warten mein Versprechen, mein Arbeitsvertrag und meine Sommerfamilie. Ich rufe in der Schweiz an. »Ich werde kommen«, sage ich. ›Ich werde es zumindest versuchen‹, denke ich.

Das Abschiedsessen, das Bine für mich organisiert hat, schmeckt. Erstaunlich, wie schnell die Sinne wieder an die Oberfläche kommen. Im Gegensatz zur Normalität. Drei Wochen nach Flos Unfall sitzen wir zusammen und versuchen, gemeinsam so etwas wie fröhlich zu sein. Mutti gibt mir selbst gestrickte Socken mit für die Alp und eine kleine Deutschlandfahne, denn so wie ich 2014 die WM verpasst habe, wird diesen Sommer die EM praktisch unbemerkt an mir vorbeiziehen. Ein weiteres Geschenk, ein Teelichthalter mit einem Ziegenprofil aus Holz, soll zu Hause auf meine Rückkehr warten. Ich kann nur ahnen, wie es sich für meine Eltern anfühlt, mich ausgerechnet jetzt wieder für vier Monate gehen zu sehen. Ein paar Tage später bringt Mareike mich zum Bahnhof.

Unter Wasser

Ich entscheide mich für die gemütliche Variante der Zugfahrt am Rhein entlang. Ein EC älteren Jahrgangs schlängelt sich an Weinbergen und Burgen vorbei. Instinktiv blicke ich aus dem Fenster, als der Zug an »meiner« Burg, der Pfalzgrafenstein bei Kaub, vorbeifährt, die von Flos Burg, der Gutenfels, auf einem Felssporn hoch über dem Rhein überragt wird. Ja, wir fünf Afflerbach-Kinder sind, solange wir denken können, Burgfräulein und -herren.

Symbolisch schenkten unsere Eltern uns, als wir klein waren, alte Gemäuer, einem jeden Kind eines. Bei unzähligen Tagesausflügen besuchten wir sie und krochen wie die »Fünf Freunde« durch unterirdische Geheimgänge. Ich hatte die »Pfalz« bekommen, eine Zollburg, die trutzig mitten im Rhein steht – vielleicht, weil sie so hübsch weiß und rosafarben angestrichen ist.

Der Stich der Erinnerung geht mitten ins Herz. Schnell wende ich mich wieder meinem Laptop zu. Für die siebenstündige Fahrt nach Fribourg habe ich mir noch Arbeit eingepackt. Denn nichts zu tun haben und in traurigen

Rückblicken festhängen würde mein Kopf oben auf der Alp wahrscheinlich noch genug. Dennoch: Es kommt mir falsch vor, mich auf der Reise mit Arbeit abzulenken. Sollte ich mich nicht besser bewusst dem Übergang hingeben? In mich hineinhören und hineinfühlen in diese spezielle Situation? Nein, es ist mir egal. Nachdenken kann ich später immer noch. Jetzt muss ich die Reise nur irgendwie schaffen, hinter mich bringen. Muss den Absprung hinkriegen von Zuhause, und ja, es fühlt sich so an, als ob ich Flo zurücklasse. Dafür ist Ablenkung jetzt gerade richtig.

Stefanie und Livia holen mich an der Bushaltestelle ab. Ich kralle mich an meinem Hirtenstock fest, denn Stefanies warmer Blick voller Mitgefühl macht meine Knie weich. Livias Unbekümmertheit tut gut. Lachend fliegt sie mir entgegen: Sie hat für mich ein Bild gezeichnet und möchte es gleich loswerden. Die paar Hundert Meter Fahrweg vom Dorf bis auf den Hof fühlen sich zugleich an wie nach Hause kommen und wie im falschen Zug sitzen. Gut, dass gleich schon Melken ist. So wie ich die Tiere kenne, werden sie mich schweigend in ihrer Mitte aufnehmen und mich meine Arbeit machen lassen. Der Gedanke daran, nach und nach all meinen Alpfreunden zu begegnen, die mir wahrscheinlich noch ihr Mitgefühl aussprechen möchten, macht mich stumm. Einer wird mich fragen, ob ich mein Brüderle verloren habe? ›Ja‹, denke ich dann, ›so kann man das auch sagen.‹

In diesem Sommer ist es wie im ersten: Zunächst wartet noch im Tal Arbeit auf mich, bevor wir nach oben zügeln. Die Alpsaison startet ein paar Tage später, weil der Schnee spät gekommen und lange geblieben ist. Die Handvoll Tage zwischen Köln und der Alp, die Tage auf dem Tal-Bauernhof der Familie, kommen mir vor wie eine Zwischenzeit. Zwar bin ich schon richtig weg von zu Hause, aber noch nicht am Ziel meiner Reise. Yves lässt mich, solange ich meine Kammer auf dem Heuboden der Salzmatt noch nicht bezogen habe, wieder in seinem Zimmer schlafen, ein modernes Bad mit Dusche und WC gleich nebenan, und der WLAN-Router sendet seine Signale zwar schwach, aber immerhin bis in das Kinderzimmer hinauf.

Von unten aus fahren Markus, die Kinder und ich nach oben, um zu zäunen, und wir stehen kopfschüttelnd vor den teils weißen, teils braunen Wiesen. Hier gibt's einfach noch zu wenig zu fressen für die Tiere, da sind wir uns einig. Bei wenigen Grad über null und Regen pulen wir die Zaunpfähle aus der schlammigen Erde und stellen sie in die Löcher vom letzten Jahr, dass es spritzt. Ohne nachzudenken, lasse ich mich in die Arbeit hineingleiten. Die Bewegungsmuster sind gleich wieder da. Wind und Regen umarmen mich wie alte Bekannte. Markus braucht mich kaum anzuweisen. ›Jetzt bin ich hier‹, denke ich, ›für vier Monate. Wenn ich zurückkomme, wird Flo schon fast fünf Monate tot sein.‹ Ich fühle mich hin- und hergerissen: Einerseits will ich nicht, dass Zeit vergeht, denn sie trägt mich von Flo weg. Andererseits würde ich am liebsten vorspulen, weil ich hoffe, dass der Schmerz in der Zukunft irgendwie stumpfer ist. Auch wenn ich mir das nicht vorstellen kann.

Ausgerechnet am ersten Monatstag des Unfalls gibt es bei Familie Aeby etwas zu feiern: Yves wird gefirmt. Das weiß ich schon, seit ich telefonisch mit Markus das Datum meiner Anreise besprochen habe, und seitdem hängt der Tag wie ein Zentner Beton über mir. Die Familie erwartet nach dem Gottesdienst Gäste, und meine Rolle soll es sein, den Stall fertig zu machen, das Mittagessen vorzubereiten und am Abend den Stalldienst zu übernehmen, damit die Familie das Fest genießen kann. Ich erwarte einen schwierigen Tag. Mich erleichtert, dass ich alle Besucher schon von den beiden anderen Alpsommern kenne. Einerseits. Andererseits weiß ich, dass alle wissen, was passiert ist. Ich erwarte Beileidsbekundungen. Tränen, die sich nicht unterdrücken lassen. Dass mein Bauch sich verkrampft. Dass ich mich sehr werde konzentrieren müssen, um Yves und allen anderen das Fest nicht zu verderben. Und so kommt es auch. Am Morgen endet meine Stallarbeit damit, noch einmal bei den Kühen und Rindern runterzuputzen und das Futter für den Abend zu rüsten. »So, hopp jetzt, z'ruck«, sage ich zu den Kühen. Sie sollen ihre Köpfe aus der Futterkrippe nehmen, damit ich diese bis zum Abend verschließen kann. Ich überquere den Hof und betrete das leere Wohnhaus. Alle haben sich schick gemacht und sind zur Kirche gefahren. Ich stelle mich unter die Dusche. Das heiße Wasser umhüllt mich wie die Traurigkeit. Und doch habe ich das Gefühl, dass es mich stärkt. Nicht reinigt. Sondern aufrichtet irgendwie. Langsam ziehe ich mich an, dann stelle ich mich der Aufgabe.

Als alle nach Hause kommen, entzünde ich die Kerzen. Peters Frau Christine nimmt mich stumm in den Arm. Es ist schon erstaunlich, wie viele Gefühle mich in ein- und demselben Moment durchschwemmen, wo ich mich doch eigentlich nur eins fühle: betäubt. Alles in der Berührung von vielleicht fünf Sekunden: Wiedersehensfreude, Verbundenheit, Mitgefühl, Dankbarkeit, Taubheit. Die Gespräche ziehen an mir vorbei. Einmal ertappe ich mich dabei, dass ich auch etwas in die Runde sage. Aber ich kann es nicht ändern, es fühlt sich falsch an.

Als alle Besucher weg und die Kinder im Bett sind, lade ich mir noch eine Schippe drauf: Hanspeter feiert seinen fünfzigsten Geburtstag als Heubodenfest auf dem stillgelegten elterlichen Bauernhof, und wir Erwachsenen sind eingeladen. Fotos aus allen Lebensjahrzehnten des Geburtstagskinds schmücken die Scheunenwände. Über dem Buffet prangt ein großes Herz, das die Kinder gebastelt haben. Es gibt frisch gezapftes Bier, Kartoffelsalat und Schinken. »Komm her«, sagt Hanspeter, als er mich in seine kräftigen Arme zieht. Ich kann nur schlucken und den Abend über mich ergehen lassen. Langsam versuche ich, mich daran zu gewöhnen zu funktionieren.

›So wird es jetzt wohl sein diesen Sommer‹, denke ich. Das Leben geht weiter, mit fröhlichen Momenten, Gesellschaft und leckerem Essen. Egal wo ich bin. Meine Geschwister, Sabine, Claudius, Julian, sie stehen ja auch morgens auf, machen ihren Lieben Frühstück, schleppen sich zur Arbeit, füllen ihre Tage. Irgendwie. Und dafür habe ich mich entschieden: mich in eine feste Struktur zu begeben. Auf der Alp werde ich einfach jeden Morgen aufstehen müssen. Ich kenne meine Rolle, meine Aufgaben. Würde ich aus Selbstmitleid einfach im Bett bleiben, käme alles durcheinander, und Stefanie und Markus würden mit Zeitverzug in den Tag starten. Zwei Hände würden fehlen, immerhin ein Drittel.

Ja, so wird es sein. Ich werde in lächelnde Gesichter schauen, Anekdoten lauschen, vielleicht auch selbst welche erzählen. Ich werde Netti dabei zusehen, wie sie sich im Staub räkelt und unwillkürlich schmunzeln. Ich werde Kälbchen tränken und dabei von Liebe durchströmt. Ich werde schwere Arbeit leisten und stolz auf mich sein. Ich werde mich bis zur Erschöpfung müde arbeiten und dabei stark und lebendig fühlen. Ich werde Heimweh haben und trotzdem froh sein, auf der Alp zu sein. Ich werde zu Gast und dennoch zu Hause sein. Es wird nicht einfach werden. Es wird wehtun. Und es wird vier Monate dauern, bis ich wieder nach Hause kann. Aber es ist der Weg, für den ich mich entschieden habe.

DRITTER BERGSOMMER

Steil

Markus und ich sind die Letzten. Mit den Melkmaschinen im Auto fahren wir nach oben. Es regnet in Strömen. Den Straßenrand säumen Plakate mit der Aufschrift *Bitte brems für Frösche*. Warum steht da nicht, dass man für Menschen bremsen soll? Der Zynismus, der mich seit dem 5. Mai immer wieder überkommt, ist neu. So bin ich nie gewesen. Hoffentlich ist das nur eine Begleiterscheinung mit kurzer Halbwertzeit.

Wir laden aus, richten die Melkmaschinen ein, melken. Wir räumen den Salzmatt-Stall, den wir im Herbst als Winterlager vollgeräumt haben, für die Tiere frei und stellen im Schopf den Milchkühler auf.

Die Hütte ist schon fast wieder so, wie ich sie in Erinnerung habe. Neben dem Telefon hängt Stefanies Allzweck-Alpkalender. An Nägeln über den Thermoskannen baumeln eine Taschenlampe, ein Neunerschlüssel und ein Taschenmesser, an der Wand darüber klemmen Federn zwischen Fotos und Postkarten, Fundstücke aus vergangenen Sommern. Die Schränke sind wieder exakt so eingeräumt wie eh und je, von den Fonduegabeln bis zum Pfefferstreuer. Alle Kleinigkeiten sind an ihrem Platz: Feueranzünder und Streichhölzer, der Putzlumpen in der Ecke zwischen Spüle und Herd, der türkise Kessel, die Milchfilter, Lab und Kultur fürs Käsen. Als wir für heute fertig sind, will ich nur noch ins Bett.

Am nächsten Morgen fegt ein Sturm durch den Muscherenschlund. Er peitscht Regen und Kälte vor sich her. Wasser klatscht mir ins Gesicht. Ich fühle es, aber spüre es nicht. Ich lasse Markus' Rinder, die in der ersten Salzmatt-Nacht ausnahmsweise im Stall schlafen durften, auf die Weide. Freudensprünge sehen anders aus. Bei den Ziegen und Kühen brauche ich es gar nicht erst zu versuchen. Erst kurz vor Mittag lässt der Regen nach, und sie können endlich nach draußen. Meckernd beschweren sich die Ziegen, als ob das meine Schuld sei oder als ob ich sie ruhig schon vorher hätte nach draußen lassen können – trotz des Regens. Ach, ihr Süßen, ihr habt euch nicht verändert. Das ist schön.

Die Zeit drängt. In vier Tagen kommen die Rinder. Wir zäunen gegen den Regen an. Ins Seeliloch werden wir nochmal zurückkommen müssen. Wegen der vielen Schneereste in den schattigen Senken konnten wir nicht alle Schwüre einschlagen.

Weil es heute endlich einmal trocken ist, gehen wir in den Ritz. Stefanie ist mit von der Partie. Wir kommen zügig voran, arbeiten Hand in Hand. Statt für Erklärungen und Arbeitsanweisungen haben wir Raum für Gespräche. Nach und nach bin ich auf dem neusten Stand. Es ist gut, dass der Kopf sich immer nur mit einer Sache beschäftigen kann. Für einen Moment setze ich mich ins Gras. Unter mir liegt der Schwarzsee. ›Ist ganz hübsch hier‹, denke ich mechanisch. Dieses Jahr muss nicht mein Körper sich eingewöhnen. Sondern mein Herz.

Ich habe ein neues Alptagebuch begonnen. Es ist das gleiche wie das letzte, nur in Schwarz. Zufall. Neben mir auf dem Tisch trocknen die Milchfilter, die ich vorhin nach dem Melken gewaschen habe. Am anderen Tisch sitzen Markus und Stefanie mit ein paar Kollegen vom Jodeln. Mit wenigen Stichpunkten ist der heutige Tag eingetragen. Jetzt sind die Trauerdanksagungen dran. Ich hoffe, wenigstens fünf zu schaffen.

Ich starre auf die Holzwand vor mir, die irgendwann mal einen weißen Anstrich bekommen haben muss. Ich will noch ein paar Minuten lang nachdenken. Ich frage mich, wie ich heute den Ritz hinaufgekommen bin. Seit Flos Unfall fühle ich die Erdanziehungskraft stärker. Es ist, als klebe ich am Boden fest. Wie ein Felsbrocken. Träge, steif und tonnenschwer, außen grau, doch innen blutend voll glühender Lava.

In den ersten Tagen nach dem Unfall war für mich jede Treppe, jede Stufe ein kaum überwindbares Hindernis. Wie bergauf Fahrradfahren mit angezogener Bremse. Keuchend und in Zeitlupe musste ich jeden Meter Schritt für Schritt erobern, auf meinen Schultern Gewichte so schwer wie die Futtersäcke, die Markus und ich letztes Jahr ins Gänterli wuchteten. Wenn ich an die Alp dachte, dann voller Zweifel darüber, dass ich mit Rex und den Kindern wieder über die Weiden springen würde.

Ich versuche, meine Arbeit gut zu machen. Alles hier oben interessiert mich nach wie vor. Aber das Licht ist ein anderes, und mein Gesicht ist wie eingefroren.

Wie gut, dass ich weiß, wie alles funktioniert.

Wie gut, dass ich in die Routine abtauchen kann.

Wie gut, dass ich darauf vertrauen konnte, dass ich hier gut aufgehoben sein würde. Wäre dies mein erster Alpsommer gewesen, ich wäre nicht gegangen.

Routine

Routine. Morgens der Grund zum Aufstehen. Abends der Grund, auf Schlaf zu hoffen.

Im Ziegenstall bin ich sicher. Dieses Jahr haben wir vier Gitzis: ein Böckli, ein schneeweißes, ein Karamellbonbon und Hörnli, bei dessen Enthornung irgendwas schiefgelaufen ist, sodass ihm die Hörner nun nach hinten wachsen, eng am Kopf anliegend wie ein Helm. Wenn es am Abend Zeit fürs Melken ist und ich die Ziegen in den Stall lasse, trauen sich die vier nicht hinein. Sie fürchten sich im Stall, anders als auf der Weide, wo sie fliehen können, vor den Großen, weil diese sie böse piesacken. Die Kleinen – ihre eigenen Kinder! – werden überrannt, in Ecken gedrängt, aus Ecken heraus- gedrängt, aus der Futterkrippe geschubst, wo sie tatsächlich nichts zu suchen haben, und dienen als Rammbock. Ja, so ist das; solange der Geschlechtstrieb des Böcklis noch nicht er- wacht ist und es also quasi keinen Regenten gibt, reagieren sich die Großen an den Kleinen ab. Wenn ich zufällig in der Nähe bin, kriegt die Übeltäterin von mir was auf die Ohren. Das tut nicht weh, habe ich im ersten Sommer gelernt, ist aber offensichtlich unangenehm, denn sofort verwandelt sich Streitsucht in Unschuld vom Lande.

Leider ist dieses Jahr Schnauf nicht mehr dabei. Sie war mir eine der Liebsten. Wenn ich meine Wange an ihre legte, schnaufte sie mir inbrünstig ins Ohr, und darin lag so viel Ver- trauen, dass daraus Verbundenheit wurde. War ich im Stall unterwegs, blickte sie mir nach, wohin ich auch ging, so als ob sie darauf wartete, dass ich mir endlich ihre Abenteuer anhörte.

Die Freundschaft mit Schnauf und unser Ohr-Tête-à- Tête hatten sich erst entwickelt, nachdem ich eine Begegnung der schmerzhaften Art verdaut hatte. Im ersten Sommer war ich mit der ältesten Ziege der Herde, die ihren Platz rechts neben der schwarzen Anführerin hatte und ihren letzten Alpsommer genoss, aneinandergeraten. Die alte Dame hatte eine Wunde auf der Wange, der ich mich mit Salbe & Co. aus Stefanies Apotheke annehmen wollte. Leider schaltete meine Fürsorge meinen gesunden Menschenverstand aus. Ich redete der Ziege gut zu und führte die Behandlung Kopf an Kopf mit ihr aus. Bis die blöde Kuh mir plötzlich fast das rechte Ohr abbiss. Vor Schmerz schrie ich auf und dann die Ziege an, dann glotzten wir uns gleichermaßen erschrocken an. Jede Sektflasche öffnet man mit weit von sich gestreckten Armen, weil man nie weiß, was passiert. Und ich servierte einem schmerzleidenden Tier mein Ohr auf dem Präsentierteller. Nachdem der Schmerz etwas abgeklungen war und die Tränen sich zurückgezogen hatten, machte ich vorsichtig weiter. Und dann, ich schwöre es, schmiegte die Ziege ihre kranke Wange in meine Hand. Sie wollte mein Vertrauen und meine Liebe wiederhaben. Natürlich gelang ihr auf Anhieb beides.

Wieder einmal, ich kenne es ja nicht anders, reisen die Rinder an einem düsteren Tag an. Nass, kalt, neblig, windig, dieser Vierklang macht, dass mir in manchen Momenten alles egal ist. Doch der Aufregung der Buben tun Regenmontur und lange Unterhosen keinen Abbruch. Yves ist jetzt zwölf, fast schon mehr Jungbauer als Junge, Pascal zehn, Livia sieben. Beim Frühstück geht Markus noch einmal durch, welche Herde in welchen Stall kommt, was gar nicht so einfach ist. Einerseits sollen die Rinder eines Bauern zusammenbleiben, damit sie sich in der Fremde wohlfühlen, andererseits haben die Ställe nur die Plätze, die sie haben. Manchmal kommt ein Bauer plötzlich mit einem Tier weniger, was gut, manchmal mit einem Tier mehr, was schlecht ist. Manchmal muss Markus die Kollegen daran erinnern, dass sein eigenes Vieh ja auch noch Platz braucht.

»Meinst du, er hat das Rind, das dich letztes Jahr überrannt hat, wieder dabei? Im letzten Jahr war es ja noch sehr jung, also vom Alter her könnte es noch einen Sommer kommen«, überlegt Yves beim Frühstück.

»Bestimmt nicht«, vermutet Markus, »so wie das getan hat, wird daraus sowieso nie eine brauchbare Kuh.« Nach dem nächsten Schluck Kaffee legt er die Ellenbogen auf den Tisch, lehnt sich vor und erzählt: »Vor ein paar Jahren brachte derselbe Bauer mal ein Rind, das den ganzen Sommer über wild war. Egal wie oft wir es eingestallt haben, es wurde nicht besser. Es war richtig verrückt und hat getreten und am Seil gerissen. Als der Bauer es im Herbst holen kam, sagte ich ihm, dass er es gleich zum Metzger bringen könne. Er würde es nie melken können. Aber er hat nur abgewunken und wollte davon nichts hören.«

»Und dann? Hat er es wirklich nicht melken können?«, fragt Pascal nach.

»Im Sommer drauf hat er mir dann gesagt, dass ich recht gehabt hätte. Das Tier hat keinen an sich rangelassen. Er hat es wirklich zum Metzger geben müssen.«

Pascal nickt. Yves saugt jede Silbe Bauernwissen auf. »Ja, das kann's geben«, sagt er von Bauer zu Bauer zu seinem Vater.

Die Trupps kommen hübsch der Reihe nach. Aber was da teilweise angeliefert wird, lässt Markus und mich stumme Blicke tauschen. Wenigstens kenne ich all das schon, Bauern, die nicht in der Lage sind, ihre eigenen Tiere zu bändigen, Tiere, die Angst vor den Menschen haben, Menschen, die Angst vor den Tritten haben. Die Anzahl der Laufstallrinder ist größer als im letzten Jahr. Und das Rind, das mich über den Haufen gerannt hat, ist wieder da.

Bäuerin

An einem Abend probt der Jodlerklub in der Hütte. Heimelig fühlt sich das an, dieser Gesang, der genau hierher gehört, und ich schwanke zwischen Strahlen und Schlucken.

Heute Morgen hat es immerhin zehn Grad. Livia und ich kümmern uns um die Küche und machen den Ziegenkäse fertig, während Stefanie die Buben zur Schule bringt und Markus die Kühe und Ziegen rauslässt. Beim Haareflechten und Bergschuhebinden besprechen Livia und ich alles Weitere: Wir wollen zuerst nach ganz unten, die Hüttli-Rinder zählen, und beim Raufkommen die Salzmatt-Rinder zum Stall treiben. Hand in Hand, behütet und bestockt, marschieren wir los. Auf dem Weg nach unten versuche ich, schon einmal grob zu überschauen, wo die Salzmatt-Rinder sind, damit wir möglichst kraftschonend und ohne Umwege mit ihnen zurück nach oben kommen können.

In Endlosschleife singen wir ein Schlaflied, das Livia kürzlich bei einer Kindergartenvorführung vorgetragen hat. Zumindest bergab. Dann muss ich mich aufs Zählen konzentrieren.

»Hast du alle?«, fragt Livia mich alle paar Minuten, aber so einfach ist es heute leider nicht. Die Tiere sind in den Gruppen unterwegs, in denen sie angereist sind, neun und sechs und fünf und vier. Die Letzten stehen im Wald und schauen uns an. Wir haben alle und begeben uns wieder an den Aufstieg.

Ab dem Törli gehen wir diagonal nach oben und nehmen die sechs Salzmatt-Rinder mit, die unseren Weg kreuzen. Sie müssten den Rest der Gruppe oben auf dem Wanderweg sehen und verstehen, dass wir vorhaben, sie zu den anderen zu bringen. Bis kurz unterhalb des Wanderwegs geht es auch gut. Aber dann überlegen es sich zwei anders, scheren nach rechts aus und donnern bergab, am Graben entlang. Der Sog zieht die restlichen vier, die wir mit nach oben gebracht haben, mit sich. Livia klammert sich an meine Hand, als wir im weiten Bogen hinter ihnen her galoppieren. In dem hohen Gras und der vom Regen aufgeweichten Erde ist es nicht leicht, auf den Beinen zu bleiben, sodass Livia an meiner Hand stellenweise mehr fliegt als läuft. Erst bei den Disteln kurz vor dem großen Übergang am untersten Ende der Weide bleiben die Tiere stehen. Markus wird oben bestimmt schon ungeduldig auf uns warten.

»Kannst du noch, Liveli?«

»Jaja, es geht schon«, und so treiben wir die Rinder erst über den Graben und dann nach oben. Die restlichen auf dem Wanderweg sind zum Glück in der Zwischenzeit von allein auf die Idee gekommen, in Richtung Stall zu gehen, sodass kurz vor dem Törli alle aufeinandertreffen.

»Das hast du wirklich toll gemacht. Du kannst schon richtig gut Rinder eintreiben«, lobe ich Livia und frage sie: »Willst du eigentlich auch mal Bauer werden?«

»Nein, Kathi, doch nicht Bauer«, entrüstet sie sich und blickt mich ernst von der Seite an, und dann fängt sie an zu kichern. »Natürlich Bäuerin!«

Zwei Tage später, am Tag nach der Sommersonnenwende, ist endlich Sommer und ich kann das Melkgeschirr im Trockenen waschen. Markus düst nach unten ins Heu, Stefanie stellt Sonnenschirme auf der Terrasse auf. Ich nehme die Sense mit zum Hüttli und mähe die Disteln, bevor sie blühen und sich vermehren. Eigentlich müsste ich sie mit den Wurzeln ausgraben und verbrennen. Vielleicht im nächsten Sommer. Die Wärme

stimmt mich milder. Einen Moment lang mit Rex im Gras
sitzen, das Gesicht in die Sonne halten, das tut gut. Trotz allem.
Oder erst recht. Aber das muss man wohl auch erst wieder
lernen, das Aushalten, das sich Erlauben und das Genießen.

Am Abend lasse ich ausnahmsweise gleich nach dem
Melken die Kühe auf die Weide. Dank Stefanies Sonder-
genehmigung sind wir so flexibler, falls es an diesem unverhofft schönen Abend noch mehr Besucher in die Berge zieht.
Und das tut es, aber wir müssen bald Wolldecken verteilen,
und von Bier und Panasch steigen die Leute auf Kaffee um.
Als das Telefon klingelt, ist Claudius dran. Er hat den Polizei-
bericht über den Unfallhergang gelesen. Jetzt wissen wir
also, wie es passiert ist. Und warum. 81 gegen 35 Jahre, das
schmerzt einfach nochmal mehr. Ich hocke auf dem Telefon-
bänkchen und weiß erst einmal nichts mit mir anzufangen,
bis Stefanie mich auffängt.

Aufgeweicht

So ist auch in diesem Sommer kein Tag wie der andere, und
Momente in der Stille der Bergeinsamkeit wechseln sich mit
dem Puls eines Taubenschlags ab. Vielleicht ist das ganz gut
so. Vielleicht hilft es mir dabei, gegen das Verkriechen anzukommen. Jedes Paar Augen, in das ich schaue, jede Hand, die
ich schüttle, sind Pflastersteine auf meinem Weg nach vorn.
Die alten Bekannten frische Luft und Bewegung sind auch
nicht die schlechtesten Therapeuten. Einer der besten aber ist
sicher Rex. Er lässt mich endlos reden und vor allem: endlos schweigen. Wenn ich am Berg sitze, unter mir die Rinder,
über mir der Himmel, wenn ich mich frage, ob Flo gerade
diese Wolke schickt oder diesen Sonnenstrahl funkeln lässt,
und die Tränen nicht aufhören zu fließen, klettert Rex auf

meinen Schoß und leckt sie weg. Manchmal legt er eine Pfote auf meine Schulter und sagt, ich bin bei dir. Soll mir doch einer das Gegenteil beweisen.

Ich lerne damit umzugehen, wie schnell meine Verfassung sich neuerdings ändern kann. Die Wechsel von fröhlich zu traurig schaffe ich, wenn ich mit anderen zusammen bin, zu stoppen. Die von traurig zu fröhlich will ich nicht aufhalten.

Und dann manchmal dieses mich selbst dabei ertappen, wenn ich gelacht habe. Und gleich im Anschluss wie zur Verteidigung der klischeehafte Gedanke, dass Flo es gewollt hätte, dass ich neuen Mut schöpfe.

Am zweiten trockenen Tag im Juli, Markus und ich haben gerade die Salzmatt-Rinder eingestallt, denke ich: ›Heute ist ein ganz normaler Tag.‹ Es ist sonnig und warm. Stefanie ist mit den Schulbuben nach unten gefahren. Livia, Markus und ich haben zwei ausgebüxte Rinder beim Nachbarn abgeholt und dann die Seelihus-Rinder auf eine neue Weide überführt. Jetzt ist Markus unten im Heu. Ich baue einen Stromzaun auf der Kälberweide ab, auf der ein paar Tage lang die Salzmatt-Rinder weiden durften. Mähe beim Seelihus Nesseln und Disteln, auch wenn es nie genug helfen wird und sie nächstes Jahr und übernächstes Jahr und überübernächstes Jahr wiederkommen. Schippe den Mist vom Wanderweg zwischen Seelihus und des Nachbars Weide, weil die Rinder jetzt hier weg sind und der Dünger auf die Weide gehört. Baue in Richtung Galutzi einen Treibe-Stromzaun auf, damit die Tiere nicht zu hoch steigen und schön zügig nach hinten gehen, wenn wir sie nachher dorthin lotsen. Lasse mit Stefanie die Salzmatt-Rinder raus. Treibe sie unterhalb des eben aufgestellten Zauns nach hinten. Baue den Zaun wieder ab und trage Schwüre und Draht zur Hütte zurück. Hole die Kühe zum Melken in den Stall. Melke. Helfe Stefanie in der Hütte, die am Abend voller Leute ist, bis ich um Viertel vor elf ins Bett gehe. So ist es eigentlich immer, so oder anders. Im Groben ahnen wir, was der Tag bringt, aber erst, wenn wir im Bett liegen, wissen wir, was er wirklich gebracht hat. Den kleinsten Teil bestimmen wir selbst: die Tagwacht. Danach müssen wir schauen, ob unsere Vorhaben sich in die Tat umsetzen lassen oder ob ein krankes Rind, ein kaputter Zaun, ein Gewitter, ein verlorenes Werkzeug, das Militär, die Jäger, ein gebrochener Finger, ein Erdrutsch, Schnee oder Besuch dazwischenkommt.

Nur vor ein paar Tagen, da war es fast gespenstisch. Da schrieb ich abends ins Tagebuch: *Genau das gleiche Programm wie gestern. Einziger Unterschied: Stefanies Schwester zu Besuch.*

Bei manchen Alparbeiten kommt es nicht auf einen genauen Zeitpunkt an, an dem sie zu erledigen sind. Wenn sich im Büro eine Deadline um zwei Tage verschiebt und damit angeblich ein Weltuntergang droht, passiert hier nicht viel mehr als ein Achselzucken, wenn der Mist doch erst am nächsten Tag ausgebracht werden kann. Und vor allem spielt es keine Rolle, wer die Arbeit macht. Keine Arbeit hat mehr oder weniger Prestige oder ist wichtiger als eine andere. Sie muss einfach getan werden, und meistens fällt so viel gleichzeitig davon an, dass gar nicht lang diskutiert werden kann, selbst wenn man wollte. Die Hauptsache ist, dass sie gemacht ist und dass sie gut gemacht ist. Von wem, interessiert keinen. In welches Zwischenzeugnis könnte das auch einfließen, für welche Beförderung von Bedeutung sein? Sich selbst genügen. Das konnte ich im Büro nicht. Hier habe ich es wiederentdeckt.

Mit Markus möchte ich in diesem Sommer nicht tauschen. Der viele Regen in den ersten Wochen hat ihm nur kleine Zeitfenster fürs Heuen im Tal beschert. Er wartet auf eine längere Schönwetterperiode, um einen großen Schritt voranzukommen. In drei Tagen soll es angeblich besser werden, aber davon ist noch nichts zu spüren. Die Kinder, Rex und ich haben gerade 69 Rinder durch Regen und Nebel zum Stall getrieben. Jetzt sind alle Tiere drin und ihre Felle genauso aufgeweicht wie der Stallboden. Beim Anbinden quetschen Markus und ich uns zwischen den klitschnassen Leibern durch. Der Regen steigt als Dampf zur Decke. Trotzdem ist es eiskalt im Stall. Zweimal rutsche ich aus und kann mich gerade noch fangen. Vor Aufregung pinkeln und scheißen die Rinder kreuz und quer. Als das Anbinden geschafft ist und ich noch ins Galutzi gehe, um die Rinder dort zu zählen, bin ich bis auf die Unterhose nass. Wasser rinnt in meine Schuhe. Warum ich keine Regenhose anhabe, weiß ich nicht. Ich weiß auch nicht, ob mein Anblick beim Mittagessen derart erbarmungswürdig ist, dass Markus verkündet, am Nachmittag über dem Melkgeschirrwaschplatz ein Dach bauen zu wollen, damit ich in Zukunft im Trockenen waschen kann.

Teilen

Das ersehnte Sommerwetter kommt ein paar Tage nach Ferienbeginn. Plötzlich ist die Büvette voll. Einheimische und Touristen stürmen in Scharen erst die Kaiseregg und dann die Terrasse der Salzmatt. An einem Abend, als es schon kurz vor halb neun ist, kommt eine japanische Familie mit dem Auto angerauscht, um »noch eben« die Kaiseregg »zu machen«. Zumindest ist das die Vorstellung des Herrn Papa, der in der Schweiz lebt und seinen Lieben die Berge zeigen will, wie er mir auf dem Parkplatz erzählt. Die Mama ist davon nicht überzeugt, ob wegen der zwei Kinder, wegen des sommerlichen Schuhwerks aller Beteiligten oder um ihrer selbst willen, vermag ich nicht zu sagen. Jedenfalls kommen sie nach einem kurzen Plausch quasi von ganz allein auf die Idee, dass das viel nähere und niedrigere Hohmattli mit den Pferden obendrauf doch eine hübsche Alternative sei. Man könne ja ein anderes Mal wiederkommen und dann auch Wanderschuhe mitbringen. Stefanie beglückwünscht mich zu meinem fast diplomatischen Fingerspitzengefühl, denn wir ticken da ähnlich und haben keine Lust, in der Dunkelheit irgendwelche Möchtegerngipfelstürmer vom Berg zu klauben.

Markus setzt die Salzmatt-Heuernte für diese Woche an. Nächste Woche ist Holzerwoche mit Valentin. In der Woche darauf fahre ich für ein paar Tage nach Hause. Ich freue mich auf die Hochzeit einer Freundin, und ich will zu Flo. Unbedingt. Ich will unbedingt zum Grab. Auch wenn eine Freundin vor meiner Abreise in die Schweiz zu mir sagte, dass ich Flo auf der Alp so nah sei wie sonst nirgendwo, wegen der hohen Berge. Vielleicht. Aber dort auf dem Friedhof liegt nun mal mein kleiner Bruder.

Heute Abend können wir die erste Hälfte des Heus einbringen. Doch vorher muss ich noch Platz schaffen. Auf der Heubühne gleich neben meinem Zimmer gabele ich das alte Heu nach vorne, sodass ich es zuerst verfüttern kann. Für Wehmut ist keine Zeit. Ja, ich habe es letztes Jahr eigenhändig dahin gepackt, wo es ist, aber es hilft ja nichts, es muss jetzt nach vorne. Es war, wie alles, nur eine Lösung auf Zeit.

Ich höre Markus von unten rufen: »Kathi, bist du so weit?«

Ich öffne die Bodenluke und rufe hinunter: »Ja, es kann losgehen!«

Sogleich kommt die erste Ladung Heu bei mir an. Ich schiebe sie weiter, so weit nach hinten wie möglich. Doch schon bei der zweiten muss ich mein Ladungsvolumen verkleinern. So verfrachte ich zwar weniger Heu weiter, als von unten nachkommt, aber wenigstens kann ich jetzt die Gabel lüpfen und das Heu werfen. Aber egal wie sehr ich mich beeile, um meine Beine herum sammelt sich immer mehr Heu an. Stoisch gabelt Markus es zu mir herauf. Weder wird er langsamer noch werden seine Ladungen kleiner. Mein Ehrgeiz ist geweckt. An aufgeben ist nicht zu denken. Mein Körper ist Schmerz. Mein Geist ist Feuer. Ich schwitze vom Scheitel bis zu den Zehen. Plötzlich kommt nichts mehr nach. Leise wie durch Watte höre ich den Motor des Schilters starten. ›Aha, Markus fährt auf die Heumatta und holt Nachschub. Jetzt kann ich aufholen‹, denke ich, und mache weiter. Aber langsamer als vorher.

Bei der zweiten Runde habe ich mich gerade wieder warmgelaufen, als ein Bruder von Markus auf der Bühne auftaucht.

»Das ist ja schön, dass du uns besuchst!«, rufe ich ihm entgegen und nutze die Gelegenheit, um mir mit dem T-Shirt das Gesicht abzutrocknen.

»Ja, dachte ich auch. Aber da wusste ich noch nicht, dass ihr heute heut«, lacht er zurück.

Aber natürlich packt er gleich mit an. Freudig verbeugt sich mein Ehrgeiz vor der Dankbarkeit. Ich werde noch genug damit zu tun haben, das Heu in die hinterletzten Ecken und Winkel zu verräumen, zu stopfen und zu stampfen. Mein neuer Arbeitskollege stößt das Heu kräftig in meine Richtung. Der Berg unter meinen Füßen wächst und wächst.

Ja, es ist schön, wenn man etwas alleine schafft. Es fühlt sich gut an, Kraft und Durchhaltewillen auszutesten und auszureizen. Dafür hatte ich auf der Salzmatt schon so viele Gelegenheiten! Aber noch viel schöner ist es, wenn man es nicht alleine zu schaffen braucht. Wenn da jemand ist, der dir unter die Arme greift. Wenn du dich von deinem Ehrgeiz verabschieden und dich einfach nur der Sache widmen kannst. Und du ganz nebenbei jemand anderen glücklich machst, nämlich denjenigen, der dir helfen darf. Geteilte Freude ist doppelte Freude, auch beim Arbeiten.

Die zweite Hälfte des Heus bringen wir in einer anderen Konstellation ein. Wir sind sogar so viele, dass wir früh fertig sind und zum Abschluss gemeinsam grillen. Am großen Tisch vor dem Hütteneingang geht der Tag zu Ende.

Bergfest

Ich führe keine Listen mehr. Ich weiß nicht, ob es anders wäre, wenn der Unfall nicht passiert wäre. Ich denke schon. Denn so wie ich meinen Kopf kenne, hat er eigentlich gerne mal Lust darauf, sich etwas genauer anzuschauen. Und das geht ganz gut mit Zettel und Stift. Vielleicht wären mir noch neue Ideen gekommen für Vergleiche zwischen dem Leben in Köln und dem auf der Alp, für eine Betrachtung der tauglichsten Kalorienlieferanten ever oder die Top Hundert der herzerwärmendsten Momente im Ziegenstall.

Aber: Es steht mir nicht der Sinn danach. Ich habe keine Lust. Und keine Energie. Und ich will nicht. Bloß nicht zu lang über etwas nachdenken. Es ist so schon alles anstrengend genug für Kopf und Herz.

Für das Bergfest am 1. August, das sich abzeichnet, habe ich im Tagebuch trotzdem – irgendwie sicherheitshalber – eine Seite freigehalten. *BERGFEST* steht am oberen Seitenrand. Eine Einladung an mich, mir anzuschauen, wie es mir geht, mitten im dritten Sommer als Älplerin. Vielleicht nehme ich sie ja an.

Zwischen Heuen und Holzen passiert vier Tage lang alles und nichts. An dem einen kommen Freunde von Aebys zu Besuch, und wie durch ein Wunder ist dieser Freitagnachmittag ganz ruhig. An einem anderen ist Markus mit dem Jodelklub unterwegs, tags zuvor Stefanie mit Pascal, und dadurch, dass hier oben jemand fehlt, ergibt sich für mich mein Tagwerk. Wir schließen gegenseitig die Lücken, die wir hinterlassen.

Valentin setzt die Motorsäge ab und reicht mir die behandschuhte Hand. »Gratulation, Kathi«, strahlt er mich an.

»Gratulation, Valentin, und vielen, vielen Dank«, strahle ich zurück.

Soeben ist der erste Doppelbaum zu Boden gegangen. Valentin hat mir den Spezialfall erklärt und Schritt für Schritt mit mir gefällt.

»Also, wollen wir?«, fragt Valentin, und ja, wir wollen.

Die anderen sind zum Melken nach oben gefahren, sodass wir noch bleiben können. Es gibt für mich keinen schöneren Duft als den von Wäldern. Es ist für mich der Duft von Heimat.

Bald ist der Boden rund um den Doppelbaum mit Ästen übersät. Je näher wir den Spitzen kommen, desto mehr ist zu tun. Das Astwerk wird kleiner und dichter. Mit den Händen muss ich die abgesägten Äste zur Seite ziehen, bevor ich zum nächsten Schnitt ansetze. Ich will ganz genau sehen, wo ich säge, sicher ist sicher. Valentin würde sowieso nichts anderes durchgehen lassen.

Den ersten Stamm haben wir schon entrindet. Es ging leicht wie Butter. Dafür ist der nackte Stamm extrem glitschig. Wenn wir über ihn klettern oder über den abschüssigen

Waldboden gehen, den nun ein Teppich aus Baumrinde überzieht, müssen wir höllisch aufpassen, um nicht auszurutschen
und auf Holz oder Fels zu donnern. Mit dem Maßband arbeite
ich mich am Stamm entlang. Valentin kommt mit der Säge
nach. Das Schlussstück kürzen wir nicht auf 1,55 Meter.
Markus kann manchmal längere Pfosten gebrauchen. Mit
Zäppis ziehen wir die Stammstücke nach oben zum Zaun. Dort
bauen wir morgen einen Bock für die Schwüreproduktion.

Die Tage sind so voll, und doch kriecht die Zeit dahin. In
einer Woche werde ich an Flos Grab sein. Ich bin froh, wenn
ich mich morgens zwischen Frühstück und Holzen zu den
Rindern in den Ritz verdrücken kann. Kurz allein sein, durch-
atmen. Vielleicht mal weinen. Oder einfach nur vor mich hin-
starren, jedenfalls in dem Bewusstsein, unbeobachtet zu sein.
Danach bin ich genauso froh, wieder zurückzukommen und
in meine Rolle zu schlüpfen, die mich so allumfassend auffängt. Mit Pascal und Yves im Turbotakt Schwüre zu spitzen.
Mit Valentin und Markus zu scherzen, Rex im Sägemehl an
meiner Seite zu wissen. Vielleicht lehrt mich das Unglück
auch, Paradoxes zuzulassen – um festzustellen, dass es nicht
paradox, sondern das normale Leben ist.

Morgen ist der 1. August mit allem Drum und Dran.
Dann noch ein Tag. Dann die Reise nach Hause. Die Hochzeit genau am dritten Monatstag des Unglücks. Und dann die
zweite Hälfte des Alpsommers. Ich bin bereit, so gut ich kann.

Älplermaccaroni

Im Zug auf der Rückreise von Zürich Flughafen nach Fribourg
rufe ich Stefanie an. Ihre Stimme und die vertrauten Hütten-
geräusche im Hintergrund lotsen mich zur Salzmatt. Ich
notiere die Einkaufswünsche. Erzählen können wir später.

Mit einem langen Zischen öffnet der Bus in Plaffeien die Türen. Endstation Post – und die erste auf meiner Shoppingliste. Aber ich bin zu spät. Es ist kurz nach halb zwölf, und, wer kann das ahnen, die Post macht über Mittag zu. Okay, angesichts der Dorfgröße bin ich einverstanden, aber um halb zwölf? Was ist das bitte für eine Uhrzeit? Apropos.

»Der Supermarkt schließt um Viertel vor zwölf«, hat Stefanie mich vorhin am Telefon erinnert, noch so eine komische Uhrzeit. »Und die Bäckerei um zwölf.«

Wow. Ist das jetzt Stress? Jedenfalls beeile ich mich, zum Auto, das ich vor ein paar Tagen vor meiner Reise nach Deutschland im Dorf abgestellt habe, zu kommen und zum Supermarkt zu düsen. Check. Weiter zur Bäckerei. Check. Weiter auf die Salzmatt, zurück an meinen Sommerplatz. Triple Check.

Stefanies Patentochter ist als meine Urlaubsvertretung da, dafür fehlt Markus, der seit vorgestern unten heut. Ich sehe wohl etwas bedröppelt aus, denn Stefanie sagt sogleich: »Nein, Kathi, das ist schon gut. Du konntest doch trotzdem nach Hause fahren!« Das Gefühl zu wissen, dass ihre Worte von Herzen kommen, ist unbezahlbar. Und wenn es nicht das Heu gewesen wäre, dann wäre es etwas anderes gewesen, mit dem ich mir ein schlechtes Gewissen hätte machen können. Wohlgemerkt ich mir selbst – und niemand sonst. Ich schlüpfe in meine Arbeitskleidung und putze den Brunnen hinter der Hütte.

Ach Flo, jetzt bin ich wieder hier. Wenn ich zurückblicke auf die erste Hälfte des Sommers, sehe ich mich eine Steigung erklimmen. Jetzt habe ich sie erst einmal geschafft und kann langsam, wie auf einer langen Abfahrt, rollen lassen. Ich weiß, dass ich den Rest auch noch schaffen, ja, auch viele schöne Momente erleben werde. Aber ich ahne, dass er mir länger vorkommen wird als letztes und vorletztes Jahr. Mein Heimweh wird bestimmen, wie schnell die Zeit vergeht. Meine Sehnsucht, wie oft ich vergessen darf.

Meinen 39. Geburtstag tags drauf beginne ich versunken im Ziegenstall. An den ersten beiden Plätzen neben dem Chrömeli vom Böckli läuft die Melkmaschine. Ich sitze auf der Kante der Futterkrippe zwischen den drei Braunen und hole mir Zärtlichkeiten ab, genau wie sie. Dann und wann wendet sich eine ab und zupft doch noch einen Heuhalm vom Frühstücksbuffet. Ich recke mich über die Braunen zu den Weißen daneben. Wir kommen uns, so weit ihre Seile es zulassen, entgegen, Schnauze an Hand. Ich stöpsle die Melkmaschine um und suche mir einen neuen Platz zum Kuscheln.

Und dann kommt auch noch Rex vorbei. Längst springt der Senior nicht mehr jeden Morgen von seinem Schlafplatz im Stroh in den Stall, wenn Markus die Kühe holen geht oder ich das Melkgeschirr zusammensetze. Auch die Zeiten, da er mich allmorgendlich zu früher Stunde im Stall besucht hat, sind vorbei. Alte Männer brauchen nun mal ihren Schlaf. Aber heute bereitet er mir die Freude. Wie immer, wenn er beim Melken nach dem Rechten sieht, macht er vier, fünf Trippelschritte in den Stall hinein, gerade so zwischen das Gämschi und die Alte bei der Tür, dreht sich um, um weglaufbereit mit der Schnauze voraus in Richtung Ausgang zu stehen, und schiebt seinen Hintern zwischen meine Oberschenkel, die in der Hocke ein offenes V bilden. Ich massiere seine Brust, seinen Rücken und seinen Po, aber entspannen kann mein Freund sich dabei leider nicht so richtig, weil er die Gefahren links und rechts von ihm, das Gämschi und die Alte, im Auge behalten muss. Aber manchmal, wenn er all seinen Mut zusammennimmt und sich ganz sicher ist, dass vom

Gämschi keine Gefahr ausgeht, leckt er kurz dessen Schnauze, wedelt mit dem Schwanz, guckt mich glücklich an und tänzelt federnden Schrittes aus dem Stall. Freundschaft hat viele Gesichter. Am Geburtstagsfrühstückstisch eine Stunde später blicke ich in fünf der allerliebsten Sorte.

Ich lasse rollen und das Tagebuch schleifen. Bis zu Mariä Himmelfahrt, die die Schweizer mitten im August feiern. Am Morgen sind wir ein letztes Mal der Rinder wegen in den Ritz gestiegen, um sie nach unten zu holen. Mit der höchsten Weide ist es für diesen Sommer vorbei. Es fühlt sich gut an, die Tiere wieder mehr in der Nähe zu wissen, und auf den tieferen und weniger steilen Weiden ist die Gefahr, dass eins abstürzt, geringer. Wir fahren im Jeepli zum Seelihus, jeder an seinem Platz, Markus am Steuer, die Buben auf der Ladefläche, Rex auf der Handbremse und Netti auf mir auf dem Beifahrersitz.

Markus gibt mir, was nicht allzu oft vorkommt, die Wahl: »Du kannst jetzt entscheiden, Kathi. Willst du lieber die Tiere rauslassen oder das orange Stromkabel vom Berg holen?« Da gibt es nichts zu überlegen. Das schwere Kabel kann schön der Chef übernehmen. Und so kommt es, dass ich alle 92 Rinder alleine losmache und die drei Ställe, den kleinen, den mittleren und den großen, alleine ausmiste, und das tut genauso gut wie die Älplermaccaroni, die wir uns abends in großer Runde zusammen mit Freunden schmecken lassen.

Frieden

Heute kehrt in der Hütte früh Ruhe ein. Morgen beginnt wieder die Schule, endlich auch für Erstklässlerin Livia. Das neue Schuloutfit liegt vor dem neuen Lebensabschnitt bereit. Mit frisch gewaschenen Zöpfen geht sie glücklich zu Bett.

Der Abend verspricht mild zu bleiben, wenngleich die Dunkelheit jetzt schon zeitig aus den Tälern emporklettert. Stefanie will nachher die Kühe rauslassen. Ich kann gehen.

Mit einem Buch und dem Fotoapparat zieht es mich aufs Hohmattli. Ich spaziere ein bisschen auf dem Plateau umher und sehe dem Gras im Schein der tief stehenden Sonne beim Leuchten zu, bis ich einen flachen Stein gefunden habe, der mich einlädt. Weil die Pferde keine Glocken tragen und sie sowieso am anderen Ende der Alp unterwegs zu sein scheinen, ist es ganz still.

Im See im Tal spiegeln sich die Fichtenwälder und Bergspitzen, die mich von der gegenüberliegenden Seite aus anblicken. Die Bergketten dahinter treten in magischen Pastellfarben vorsichtig zurück. In allen Schattierungen von Blau und Grün und Grau ist Frieden auf Erden.

Ich verschwimme und verschwinde.

Als ich wieder da bin, lese ich ein paar Seiten.

Flügelschläge wecken mich. Was auch immer es ist, wer auch immer es ist, es gleitet durch die Welt, die die seine ist, und nimmt mich mit.

Leuchtturm

Ich bin oberhalb vom Seeli, in dem, was wir Seeliloch nennen, unterwegs. Auf der Suche nach Herbstgras zieht es die Rinder in die ungemütlichen Winkel der Weide zwischen herabgestürzte Felsbrocken und Geröll. Als ob hier mal ein Gletscher gewesen ist, zerfurchen Gräben die Hänge, geformt vom Schmelzwasser, in den Boden gedrückt von der Last des Schnees, der sich im Frühling in den Tiefen hartnäckig hält. Unschlüssig gucken die Rinder mich an. Wäre noch Sommer und das Gras so fett wie im Schlaraffenland, sie würden mich kaum eines Blickes würdigen. ›Hast du uns nichts Besseres zu bieten?‹, scheinen sie mich zu fragen, so als ob sie schon fast lieber auf dem Sprung nach Hause wären, wo das Gras auch im September nochmal nachwächst und die Scheunen bis unters Dach mit frischem Heu gefüllt sind. ›Genießt die restliche Zeit hier‹, denke ich. ›Hier seid ihr frei. Und ihr lebt.‹ Nicht alle Rinder, die auf der Salzmatt sömmern, werden Milchkühe. Manche werden gemästet und geschlachtet, weil das entweder von Anfang an so feststand oder weil sie nicht tragen.

Von meiner Position aus kann ich die Tiere überblicken und zählen. Mit rechts stütze ich mich auf den Hirtenstock. Die Finger meiner linken Hand tippen im Zählrhythmus auf den linken Oberschenkel. Bei acht breche ich ab und folge dem Blick des rot-weißen Rindes ein paar Meter hinauf: Eine Gämse quert in aller Seelenruhe den Hang und klopft in meinem Herzen an. Sie hält kurz inne, zupft ein paar Gräser aus und geht weiter. Dann bleibt sie wieder stehen, dreht den Kopf zu mir herum und schaut mir in die Augen.

Sie muss einen tollen Sommer gehabt haben. Sie ist rundgenährt. Pralle Muskeln bewegen sich an den Hinterläufen geschmeidig unter ihrem Fell, das sie in allen Beige- und Brauntönen kleidet. Ein Euter erkenne ich nicht. Vielleicht steht sie vor der Geschlechtsreife und wird im Spätherbst zum ersten Mal von einem Bock besprungen. ›Sind Gämsen in diesem Alter also nicht mehr mit ihrer Mutter unterwegs?‹ Ich werde Markus fragen.

Am schönsten ist ihr feines Gesicht. Aus großen, dunklen Augen scheint ein wachsamer Blick. Ihre Schnauze ist symmetrisch gezeichnet. Fast weiß strahlen ihre Wangen neben den dunkelbraunen Streifen, die sich von den Augen bis zur Nasenspitze ziehen. Zwischen den Augen und dem

Nasenrücken leuchten helle Ovale und ziehen meinen Blick wie von Zauberhand an. ›Wo kommst du her, meine Schöne, meine Stolze? Wo gehst du hin? Schon ziehst du weiter.‹ Nur einen kurzen Moment lang kreuzen sich unsere Wege. Glück lässt sich nicht einfangen.

Es ist die erste Gämse, die mir als Einzelgängerin begegnete. Und es ist die erste, die mich so nah besuchte. Ich glaube, in Wildtieren sehen wir Schönheit, Anmut, Lebendigkeit und Freiheit. Was wir selbst einmal waren. Oder was wir sein wollen. So oder so, uns selbst.

Vier Wochen Alp liegen jetzt nur noch vor uns. Vielleicht sind wir alle etwas zerrissen zwischen oben und unten, Stefanie unter der Woche, wenn die Kinder in der Schule sind, Markus, wenn es für ihn mal wieder für ein paar Tage zum Heuen ins Tal geht, und ich in diesem Sommer auf meine Art. Die viele Arbeit, die noch vor uns liegt, fürchte ich nicht, im Gegenteil. Ich habe mich daran gewöhnt, mich von ihr ablenken zu lassen, und will mir noch gar nicht vorstellen, wie es zurück in Köln weitergehen wird. Jetzt bin ich erst einmal hier, und heute, da die Sonne kräftig scheint und Sonntag ist, haben wir auf der Terrasse alle Hände voll zu tun. Die Leute lassen es sich mit Cheesblättli, Käsetellern, und einem halben Wyyssa, Weißwein, gut gehen. Der Feldstecher macht die Runde, denn links vom Gipfel der Kaiseregg sind Gänsegeier unterwegs. Abwechselnd ziehen sie ihre Kreise oder hocken majestätisch auf einem Felsen, genau an der Kante, sodass ihre Körper sich vor dem Himmelblau abzeichnen. Wer weiß, was sie heute finden. Noch sind Schafe und Wolf dort oben unterwegs.

Markus geht von Tisch zu Tisch und lässt sich erzählen, was im Dorf los ist. Im Gegenzug werden uns schon die typischen Herbstfragen gestellt: »Wann gehen die Gguschteni, wann geht ihr, kommst du nächsten Sommer wieder?« Als der größte Schwung durch ist, muss ich mich sputen, denn meine Freundin Mareike wartet in Plaffeien darauf, abgeholt zu werden und endlich das Alpabenteuer mit mir zu teilen. Mit dem Opel hole ich Mareike zu uns. Kaum angekommen, zieht sie die Stallkleidung, die wir für sie heraussuchen, an und kommt mit in den Ziegenstall. Als Katzenbesitzerin begreift sie sogleich das Kuschelpotenzial. Das Melken müssen wir noch üben. Käsen und Küherauslassen sind auf Anhieb mehr ihr Ding.

Der nächste Tag ist leider kalt, neblig und regnerisch. Nach dem Frühstück stehen die Salzmatt-Rinder mehr oder weniger vor der Tür und wollen rein. Während ich käse, holen Markus und Mareike sie in den Stall. Zum Anbinden tauschen wir die Rollen. Die Dimensionen sind Mareike nicht geheuer. Vielleicht haben wir auch gestern Abend die falschen Geschichten erzählt.

Weil der Tag keine Besserung verspricht, müssen wir im Regen zum Hüttli absteigen. Trotz des Wetters kommt sogar Rex mit. Er genießt die Zuwendung seiner neuen Begleiterin, und ich glaube, dass auch Mareike einen neuen Freund gewonnen hat. So deponiere ich die beiden Frischverliebten, die mir beim Rindersuchen unter Bäumen und Nebelbänken keine Hilfe sind, Rex, weil er ein Hund, Mareike, weil sie, wie ich nach zwei Jahrzehnten Freundschaft erfahre, höhenängstlich ist, am Waldrand, da, wo es trocken ist. Als wir wieder zur Salzmatt hinaufgehen, schwitzen wir unter der Regenmontur.

Am nächsten Morgen ist alles anders. Die Dunkelheit riecht anders als gestern. Es wird ein schöner Tag. Auf unserem Weg zum Hüttli wirft die Sonne lange Schatten, und Mareike entdeckt, wo sie gestern unterwegs gewesen ist. Jetzt ist es zwar weniger rutschig als im Regen, aber man sieht auch besser, wie steil es ist – und wie weit der Weg zurück nach oben. Am Nachmittag gehen wir zum Skilift und bauen die Auszäunungen rund um die Pfeilerkonstruktion ab. Dann baue ich einen Stacheldrahtzaun zum Ritz hoch, den, der an der Kante entlang nach oben führt, ab, und Mareike macht lieber kehrt. Bei dem Zaun in Richtung Seeli, an dem ich später die Glöggli löse, kommt sie mir von ihrem Erkundungsgang in tieferen Gefilden wieder entgegen. Sie könnte auch den ganzen Tag über in der Hütte verbringen. Sie ist für mich ein Leuchtturm. Zwanzig Jahre Freundschaft hat sie mitgebracht und beschenkt mich mit Lachen, Leichtigkeit und Verstehen.

Erinnerung

Ein Wochenende später freue ich mich über den nächsten Besuch. Das letzte Mal habe ich meinen Bruder Claudius an den Tagen nach der Beerdigung gesehen. Jetzt ist er hier, hat in meinem Bett in meiner Kammer geschlafen und meldet sich pünktlich um Viertel vor sechs im Ziegenstall. »Moin«, sagt der Hamburger. Sogleich stelle ich ihm meine Lieblinge vor, das Gämschi, die neben dem Gämschi, Schlappi 1 und Schlappi 2, die 72, die 32, die Braune und natürlich die Gitzis. Der Bock ist leider nicht mehr sehr ansehnlich. Seitdem er vor ein paar Wochen entdeckt hat, dass sein kleines Röhrchen am Bauch zu mehr als zum Pinkeln imstande ist, hat er getan, was ein Bock eben tun muss. Und das heißt, er hat sein Gesicht unter anderem an Ziegenhintern gerieben. So ist aus weiß hellbraun geworden. Nun ja. Jetzt sieht er nicht nur bescheiden aus, es hat auch nicht bei allen gefruchtet. Mehrere Ziegen sind ein zweites Mal bockig geworden, sodass er noch einmal ran durfte, der Glückspilz. Jetzt müssen wir abwarten, ob wenigstens der zweite Durchgang geklappt hat, sonst muss Markus sich auf die Suche nach einem Ersatzmann machen.

Ein Airbus-Manager im Ziegenstall, das hat es bestimmt auch noch nicht oft gegeben. Claudius packt gleich mit an. Beim Zitzenputzen zeige ich ihm, wie er mit einem Griff oberhalb des Knies verhindern kann, dass eine Ziege nach ihm oder dem Melkzeug tritt. Dann kommt die Einführung in die Handbewegung fürs Anmelken, zuerst in der Luft, dann an der Ziege. Schon bei der ersten hat er den Dreh raus, und es kommt Milch. Stolz lächelt mich mein großer Bruder, über dem Schorgraben zwischen Ziegenpopos hockend, an: »Ist das gut so?« Und ob. Es ist sowas von gut, dass du gekommen bist.

Beim Frühstück gibt Markus bekannt, dass wir gleich die Seelihus-Rinder einstallen wollen. Die Buben, die uns mit ihren flinken jungen Beinen während der Sommerferien oft eine große Hilfe gewesen sind, bekommen regenfrei. So versorgt Stefanie einen weiteren Besucher mit Regenklamotten. Selbst für den 1,88 Meter großen Claudius ist alles da. Ich suche für ihn einen Hirtenstock und melde uns bei Stefanie ab. Wie immer, wenn etwas Besonderes in der Luft liegt, sind Rex und Netti bereitwillig am Start. Zu viert brechen wir auf. Auf dem Weg bis zum Viehrost, denn dort müssen wir uns aufteilen, erkläre ich Claudius, was zu tun ist, und weil wir nur zu zweit unterwegs sind, ist er alles andere als schmückendes Beiwerk. Ich brauche ihn wirklich. Er ist dafür verantwortlich, die Rinder auf der unteren Hälfte der Weide einzutreiben und um die Kurve zu scheuchen, ohne dass sie umkehren oder nach oben abhauen.

Rex und ich gehen nach oben. Netti tapert unten auf dem Wanderweg gemächlich hinter Claudius her, vorbei an den beiden Brunnen, unter dem Skilift durch, immer weiter in Richtung Riggisalp. Als die beiden zu den letzten Rindern aufschließen, beobachte ich, wie Claudius im Bogen hinter die Rinder tritt. Jetzt erhebt er Stimme und Stock. Es kommt Bewegung in die Herde. Alles wie im Lehrbuch. Netti schaut ihrem Lehrling aus adäquater Distanz bei der Arbeit zu.

Bei der Kurve beim Viehrost treffen wir wieder aufeinander. Brav laufen die Rinder vor unseren Stöcken und Rufen her. Sie haben offensichtlich nichts dagegen, dem Regenwetter den Rücken zu kehren und ein paar gemütliche Stunden im Stall zu verbringen. Möge das Anbinden gleich auch so harmonisch über die Bühne gehen! Markus startet das Jeepli und knattert unterhalb von uns vorbei, um die Stalltüren zu öffnen und sich für die Verteilung der Rinder auf die drei Ställe in Position zu bringen. Ich gebe Claudius auf unserem Marsch zum Seelihus einen Anbinde-Crashkurs.

57 Rinder freuen sich, den großen Stall von innen zu sehen, und auf Salz. Sie erkunden ihn kreuz und quer, schlecken die leeren Futterkrippen in der Hoffnung aus, noch irgendwo ein Krümelchen zu finden, und lutschen an den Anbindeseilen. Also alles wie immer. Nur dass Claudius dabei ist. Dass wir ausgerechnet heute die Rinder einstallen, macht mich glücklich, denn ich glaube, das macht es Claudius auch. »So habe ich mir das nicht vorgestellt«, ruft er zwischendurch zu mir herüber, und: »Das ist ja schon ein bisschen verrückt«, und: »Krass!«

Danach geht es im mittleren Stall und schließlich im kleinen Stall weiter. Als wir fertig sind, haben wir 92 Tiere angebunden, und unser Regenzeug ist von innen so nass wie von außen. Macht nichts. Wir müssen sowieso noch zum Hüttli. Wir machen einen Deal mit Markus, der sich um die Ziegen und die Kühe kümmern will, lassen uns im Jeepli mit zur Salzmatt nehmen und steigen von dort aus zum Hüttli ab.

Am Nachmittag müssen wir abzäunen. An verschiedenen Orten war ich in den letzten Tagen schon allein oder mit Markus unterwegs. Ins Galutzi wollte Rex unbedingt mit. Als ich die Motorschubkarre startete, mit der ich das abgebaute Zaunzeug zurück zur Hütte transportieren wollte, unterbrach er seinen Mittagsschlaf, kletterte aus dem Jeepli und holte mich beim Brunnen ein. Er schaute mich kurz an und sprang dann in die Schubkarre. Auf der Buckelpiste, die jetzt folgen sollte, tat er seinen alten Hüften und Knien aber bestimmt keinen Gefallen. Alle paar Sekunden veränderte er seine Position, mal freiwillig, mal unfreiwillig. Aber ich weiß ja, warum mein Freund unbedingt mitfahren wollte: einfach, weil er die Möglichkeit dazu hatte. Ein Privileg nur für ihn allein, das muss ein Teil vom Hundeparadies sein.

Wir machen das Beste aus dem Wetter und arbeiten uns warm. Für das Ablegen des Stacheldrahtzauns haben wir Handschuhe angezogen. Wenn wir uns bücken, kriecht der Wind unter unsere Jacken. Aber er schiebt die Wolken zur Seite und schenkt Claudius plötzlich und endlich freie Sicht auf den Schwarzsee, das Tal und die Berge.

Viel zu schnell geht unsere gemeinsame Zeit zu Ende. Ist sie jemals lang genug? Vierzig vollgepackte Stunden Salzmatt müssen Claudius vorkommen wie eine ganze Woche in einer anderen Welt. Zum Abschluss begleite ich ihn zurück ins Tal und bis zum Bahnhof in Fribourg. Zurück bleibt das Geschenk einer Erinnerung.

Wolken zaubern

In vielen kleinen Schritten machen wir alles wieder winterfest. Jeder Zaun, der wegkommt, ist ein Abschied. Jedes

Werkzeug, das wir verräumen, macht für die große Winterruhe Platz. Mein dritter Alpsommer neigt sich seinem Ende entgegen.

›Das muss man auch erst mal können‹, denke ich in Bewunderung der Älplerinnen und Älpler. Jedes Jahr Hand in Hand mit der Natur alles entstehen zu lassen und mit Sack und Pack in ein anderes Leben zu ziehen, um es dann doch wieder zu beschließen. Und doch ist vielleicht das Limitierte das, was die Magie des Älplerdaseins ausmacht. Zu wissen, dass alles endlich ist. Und von vorneherein mit der Endlichkeit zu planen. Wie nah die Bauern dem sind. Wie weit entfernt ich vom Lauf der Jahreszeiten gewesen bin. Auch nach fast drei Zyklen werde ich nicht müde, darüber zu staunen.

Im Stall tausche ich die Hausschuhe gegen die kalten Gummistiefel. Auf dem Weg zu den Ziegen atme ich den Morgen tief in meine Brust. Vor meinem Gesicht verfängt sich eine weiße Atemwolke. Als sie sich auflöst, sehe ich den Raureif auf den abgefressenen Weiden schimmern. Das frierende Gras ist bereit für den Schnee.

Langsam, ganz langsam bricht das Licht sich Bahn. Lange bevor die Septembersonne es über die Bergspitzen schafft, schickt sie ihren Vorboten, ein goldenes Licht, das den Nebel im Muscherenschlund sanft zudeckt und mich unendlich milde stimmt. Meinen linken Arm um das Gämschi geschlungen, meinen Kopf auf seinem Rücken ruhend, schauen wir gemeinsam der Welt zu. Schauen auf den schönsten Arbeitsplatz der Welt.

Vielleicht noch einmal, vielleicht noch zweimal werde ich die Kälbertränke auffüllen. Ich löse die Standfüße und ziehe das leere Fass hinter mir her. Beim Kuhstall halte ich kurz an, um mir einen Eimer zu schnappen. Beim

Brunnen öffne ich den Deckel mit einer halben Drehung und dem Quietschen, das ich auswendig kenne. Zehn-, elfmal schöpfe ich eiskaltes Bergquellwasser und schütte es in die Öffnung der Tränke. Je tiefer es fällt, desto dumpfer tönt der Schwall.

Auf dem Rückweg schiebe ich das schwere Fass mit Armen und Oberschenkeln vor mir her, vorbei am Kuhstall, vorbei am Kälberstall, durch das offene Gatter auf die Kälberweide. Die Kühe dösen nach dem Melken vor sich hin. Zwei Kälber bemerken mich und rufen nach mehr Frühstück. Bei den Ziegen höre ich dann und wann ein Glöcklein hektisch schellen, wenn eine sich am Hals kratzt. Zeit, mich um die Schweine zu kümmern.

Weil der Käser in der Alpkäserei keine Milch mehr verkäst und Markus daher in diesen letzten Alptagen die Kuhmilch zur Käserei ins Tal bringt, vertrete ich Markus als Schweinemagd. Zuerst schließe ich das Tor zur Terrasse und alle Stalltüren. Dann öffne ich das Törchen des Schweinestalls. Unter Drängeln und Grunzen, die Nasen in alle Richtungen reckend, beeilen sich die fünf, im Gänsemarsch nach draußen zu kommen. So habe ich freie Bahn zum Ausmisten. Von draußen dringen Geräusche purer Lebensfreude zu mir in den Stall. Die Schweine erobern den Parkplatz und die Weiden, wühlen mit den Schnauzen in der Erde, schlürfen an Pfützen und schubbern sich an Zaunpfählen. Zum Molkefrühstück kommen sie brav zum Stall zurück. Nur manchmal verpasst das fünfte den Anschluss und muss darum bangen, nicht mehr genug abzubekommen. Wie ein Osterhase hoppelt es dann, wenn es merkt, dass seine Freunde längst am gefüllten Trog hocken, eiligst in den Stall. Zum Glück weiß es nichts von der Endlichkeit des Alpsommers, denn in seinem Fall bedeutet sie die Endlichkeit seines Lebens.

Drei Minuten

Die Kühe freuen sich über ein paar extra zarte Leckerbissen auf der Heuwiese. Seit wir sie vor ein paar Wochen abgeerntet haben, ist das Gras zaghaft nachgewachsen. Dass Markus sie jetzt dorthin lässt, könnte fast nach Bestechung aussehen – oder nach Belohnung, für einen unfallfreien, guten Alpsommer. Damit die Kühe nicht gleich alles verscheißen, hat er zwei Bereiche abgesteckt, die sie nacheinander abfressen können. Und wir können hinterher Mist vom Miststock darauf verteilen, Ggaretta für Ggaretta, den wir mit der Mistgabel zetten so wie beim Heuen das Gras.

Das neue Quad ist Motivation genug. Sogleich sind Yves und Pascal bereit, mir beim Abbauen eines Elektrozauns zu helfen. Bevor wir starten, stöpselt Yves den Strom aus. Dann brausen wir los, die Buben hinter mir auf dem Sitz und dem Gepäckträger. Jubelnd genießen wir den Fahrtwind. Hinter dem Viehrost biegen wir auf den Wanderweg ab. Theatralisch hüpfen die Jungs bei jedem Pfützenloch und halten sich übertrieben jammernd den Steiß. Yves versorgt mich nebenbei mit Tipps zum Fahren, Pascal fragt, ob wir mehr Gas geben können. In einer Ausbuchtung kommen wir zum Stehen und suchen gemeinsam die Handbremse. Auf das kurze Vergnügen folgt die Arbeit. Schnell wird uns heiß, als wir den Berg hochstapfen. Die Sonne hat wieder an Kraft gewonnen und beschert uns milde Tage. Wenn das so weitergeht, kann der Alpabzug in Plaffeien am Wochenende bei schönstem Wetter gefeiert werden. Dann wird der Hagel, der neulich eine halbe Stunde lang vom Himmel krachte, gerade als Markus und ich den Ritz fertig abgezäunt hatten, genauso vergessen sein wie der Schnee im Juli oder die Trinkwasserquelle, die nach heftigen Regenfällen braunes Wasser spuckte.

Als die Jungs wieder in der Schule sind, machen Markus und ich mit dem Gartenbauprojekt, das wir im letzten Herbst begonnen haben, weiter. Die Stämme, die wir dafür brauchen, holen wir mit dem Transporterli vom Seelihus herüber, die Latten mit dem Jeepli.

»Weißt du noch, als du mal mit dem Transporter gefahren bist und nicht wusstest, wie man ihn abstellt?«, neckt Markus mich.

»Und weißt du noch, als du mal wieder vergessen hattest, mir sowas Unbedeutendes zu erklären?«, albere ich zurück.

Gut gelaunt führen wir die Kälber auf eine andere Weide. Anschließend fahren wir nacheinander quer über die Kälberweide rückwärts an den Garten heran, Markus und Rex den Transporter, ich den Jeep. Rex steigt nicht mit aus. Er reklamiert für sich den Fahrersitz, sobald sein Chef ihn freigemacht hat.

An einem anderen Tag will Markus einen Verschlag zimmern. Ich genieße unsere Arbeitsrituale, Markus' Sprüche und sein spontanes, herzerfüllendes Jodeln noch einmal in vollen Zügen. Die Handlangerwege, die ich mehrmals laufen muss, um fehlendes Werkzeug zu besorgen oder ein Verlängerungskabel zu legen, weil der Akkubohrer natürlich wieder einmal nicht geladen ist, sind mir vertraut, und es lässt sich ganz wunderbar im Spaß darüber schimpfen, weil Aeybs Alpteam über sich selbst lachen kann – mit Markus auf der Baustelle und mit Stefanie in der Küche, die ich auf meinen Botengängen immer wieder durchquere.

Ja, dieser dritte Bergsommer war für mich der schwerste. Ich war zerrissen, in Einzelteile zerbrochen. Ich war schlicht und einfach nicht ganz. Aber ich konnte hier, bei meiner Sommerfamilie, bei den Tieren und in der Natur, doch so gut sein. Ich habe mehr als nur überlebt, so viel mehr. Ich habe vorwärts gelebt. Ich habe bergauf und bergab gelebt. Gehadert, geweint, gesungen, gelacht. Gemolken, geheut, gezäunt, geholzt. Vertraut. Geliebt. Allein, zusammen. Und der Motor dafür war wieder einmal der Mut, so klein der Funke auch war.

Zwei Tage später ist Alpabzug in Plaffeien, zwei weitere Tage später gehen auch unsere Rinder nach Hause. Danach bleibt nicht mehr viel Zeit zum Abzäunen. Viel Luft bleibt auch nicht mehr. Die ist nach einem Bergsommer dann doch irgendwann raus.

Im warmen Licht der Morgensonne fotografiere ich noch einmal die Ziegen. Ich habe sie gerade aus dem Stall gelassen und auf die Weide beim Kruzifix geführt. Noch sind sie sich nicht darüber einig, wo es heute hingehen soll, weil die Suche nach Leckereien immer verzwickter wird. Das ist mein Moment. Drei Minuten.

Ich liebe diese Lichtstimmung, die die Luft mit einem Strahlen auflädt. Die Berge verschwimmen in Aquarellfarben und werden ganz weich. Und bleiben doch so erhaben über den Rest der Welt.

Fein zeichnet das Gegenlicht die Härchen rund um Augen und Nasen vor die Kulisse. Bärte fangen die Sonne ein, Troddeln schmücken Hälse. Um die hellroten Ohren der Gitzis leuchten Lichterkränze. Ich schaue in gutmütige Gesichter. Mit einem sanften Lächeln lassen die Ziegen den neuen Tag auf sich zukommen.

VON HERZEN DANKE

Mit der letzten Seite dieses Buchs beschließe ich ein riesengroßes Abenteuer, und neue liegen vor mir. Während ich diese Zeilen schreibe, stehen die Stiefel schon für den Bergsommer bereit. Wer weiß, vielleicht werde ich eines Tages wieder für vier Monate am Stück in den Bergen sein. Vielleicht wartet aber auch etwas ganz anderes auf mich. Das Herz, sagte Buddha, kennt den Weg.

Liebe Stefanie, lieber Markus, lieber Yves, lieber Pascal, liebe Livia, dass ihr mich in eurem Leben willkommen geheißen habt, weiß ich als unvergleichliches Geschenk zu schätzen. Ihr habt euer Haus und eure Herzen für mich geöffnet. Wir haben, komprimiert in Zeit und Raum und doch in der unendlichen Freiheit der Bergwelt, die ganze Klaviatur des Lebens miteinander geteilt, von der puren Glückseligkeit beim Jodeln in einer Vollmondnacht bis zum Abschiednehmen von geliebten Menschen. Bei euch durfte ich mich neu erfinden, mir neue Flügel wachsen lassen und sie ausprobieren, Bruchlandungen und Notfallversorgung inklusive. Ich danke euch bis zu den Sternen und zurück, dass ihr meine Sommerfamilie seid.

Nicole, Kathrin, Mareike, Beatrix, Birte, Daniela, Hannelore, Heinrich, Sabine und Claudius, ihr wart meine »Testleserinnen« und »Testleser«. Ihr seid als Erste hautnah meinen aufgeschriebenen Alperlebnissen gefolgt und habt mich ermutigt, angefeuert und begleitet, Kathrin sogar wortwörtlich beim Bergbauernhofarbeitsurlaub in Südtirol und beim Wandern auf die Alp im ersten Sommer. Danke, dass es euch gibt und dass ihr für mich da seid.

Die schönste Lebens-Startrampe, die ich mir vorstellen kann, steht im Siegerland. Mich trägt eine unfassbar schöne Kindheit, und es vergeht kein Tag, an dem ich nicht in tiefer Dankbarkeit an meine Heimat, mein Elternhaus und mein Wachsen und Werden dort denke. Liebe Mutti, lieber Papa, liebe Sabine, lieber Claudius, lieber Julian, lieber Florian, da es sehr förderlich für die Gesundheit ist, habe ich beschlossen, glücklich zu sein (Voltaire). Und das kann ich, egal wo auf der Welt und egal, unter welchem Wind ich gerade segle, dank euch. Ich liebe euch.

GLOSSAR

Bei der Zusammenstellung des Glossars hat mir das Senslerdeutsche Wörterbuch des Deutschfreiburger Heimatkundevereins (Paulusverlag Freiburg Schweiz, 3. Auflage 2013, Nachdruck der zweiten, ergänzten und korrigierten Auflage 2004) geholfen. Stefanie, Markus und Hanspeter haben es mir einst geschenkt, ohne dass einer von uns ahnen konnte, dass ich einmal so intensiv mit ihm arbeiten würde.

äbe – eben. Äbe also: also dann. Äbe guet: also gut

adie, adjöö, adeei – adieu, auf Wiedersehen

Agraffa – Krampen (gebogene Eisennägel) zum Fixieren von Stacheldraht am Zaunpfahl. Auch: Heft

Amsla, Amschla – Amsel. Und eine der Kühe. Wundern Sie sich nicht. Bei Kuhnamen scheint alles erlaubt zu sein. Von Edelweiß über Galanta bis Freude!

ässe – essen. Zum Beispiel aber auch: drischlaa (reinhauen, zuschlagen), fuetere (futtern oder füttern), hinderischufle (reinschaufeln), hinderistosse (reinstoßen) oder ayschmiize (einwerfen). Dies nur als kleine Auswahl. Eine so wichtige Beschäftigung braucht eben viele Bezeichnungen!

Bäärg – Berg

Bäärgggaffi – Bergkaffee. Trinkt der Schweizer in den Bergen und ist Kaffee mit Schnaps drin. Jede Alp hat ihr eigenes Rezept mit zum Beispiel Pflümli- oder Zwetschgenschnaps, zusätzlich zwei Löffeln Zucker und/oder einer Sahnehaube obendrauf. Die Eigenkreation des Hauses heißt dann Huusggaffi, also Hauskaffee.

Bieli – Beil, Axt

Bise – Meterologisch mag die schwarze Bise etwas anders definiert sein. Auf der Salzmatt ist es der fiese, eiskalte Wind, der von links aus dem Muscherenschlund über die Senke pfeift. Der Wind, der von rechts kommt, kann auch kalt sein, aber niemals so gemein wie die schwarze Bise. Noch bevor wir nach der Fahne mit dem Schweizer Kreuz hoch oben an unserem Fahnenmast schauen können, um den Wind abzulesen, sagen uns die Glieder, mit wem wir es zu tun haben.

Böckli – junges männliches Tier

Brätzeli, Brätzela – eine Schweizer Spezialität, die man auf einem gusseisernen Bräzel- oder Brezeleisen backt. Die Brätzeli kann man sich wie flache, knusprig dünne Kekse vorstellen, in die das Eisen Ornamente einbrennt, darunter natürlich ein Schweizer Kreuz.

Bueb – Bub, Junge

Büvette, Alpbüvette – ein hochdeutsches Äquivalent kann ich leider nicht bieten. Das Wort kommt vom französischen »buvette« für Bar, Getränkekiosk, Trinkhalle. Aber eine Büvette auf der Alp ist nicht wirklich etwas von dem. Stefanie jedenfalls hat für die Salzmatt das »Sonderpatent H«.

Byssgguy – Keks

Cheesblättli – Käseteller, Käseplatte

Cheesfondü – Käsefondue

Chessi – Kochtopf, Käsekessel, in dem der Käse zubereitet wird

Chessl, Chesseli – Kessel, Eimer

choo – kommen. Chomm itze!

Chrömeli – enges Räumchen, kleiner Verschlag

Chrutt – Gras. Der Plural Chrütter oder Chrüttli wird für Heil- und Würzkräuter verwendet. Auch für die bekannten Bonbons aus der Schweiz

Chrützsackerment – Fluchwort. Eine Kombination aus Kreuz und Sakrament. »Wunderschöne« Schimpfworte sind auch gopfertami, übersetzt: Gott verdamme mich, sackerdyy, in dem das Wort heilig drinstecken dürfte (franz. sacré), oder Schiisdräck, was sich von selbst erklärt.

Chuchi – Küche

daas – das

denn – dann

der, dr – dir

dune – unten

flätschetnass – durch und durch nass. Ist sogar, was die Dramatik im Ausdruck angeht, noch steigerungsfähig: flätschtropfetnass.

Füraabe – Feierabend

gää – geben

galt stellen – trocken stellen. Milchziegen und -kühe werden ein paar Wochen, bevor die nächste Geburt ansteht, trocken gestellt, also nicht mehr gemolken. So kann sich das Eutergewebe regenerieren und die wertvolle Biestmilch bilden.

Gänterli – Verschlag. Für mich einfach der »Maschinenraum«

gau – gell, nicht wahr?

Ggaffi, Kaffi – Kaffee

Ggaretta oder auch **Bäära** – Schubkarre

Gguschti, Gguschteni – Rind, Rinder, also das Jungtier vor der Kuhwerdung

Gguschticheer – wörtlich: Rinderausflug. Gemeint ist der tägliche Rundgang, bei dem man nach dem Rechten schaut.

Giiss – Ziege

Gitzi – Zicklein

gitzle – zickeln, Ziegenjunge gebären

Glöggli – Isolator

gnue – genug

guet – gut

Häärzbrätzela – Waffeln oder, wie der Name verrät, Brätzeli in Herzform

hälffe – helfen

Heft – Krampen, s. auch Agraffa. Im Herbst, wenn die Hefte gezogen und die Zäune abgelegt werden, landen sie aufgebogen in der Hefttasche. Über den Winter werden die Hefte »geschlichtet«, also in die rechte Form gebracht, sodass sie im Frühjahr wieder zum Zäunen genutzt werden können. Zum Schlichten haut man sie mit dem Hammer oder presst sie mit der Zange in die richtige Form.

i – ich

isch scho guet – ist schon gut

itze – jetzt

ki – kein, keine, keines

luege – schauen, blicken. Dieses Wort aus dem Berndeutschen hat Stefanie auf der Salzmatt eingeführt. Mein Lieblingssatz: Mir luege denn, will sagen: Wir schauen dann. Entspann dich. Bis dahin wird noch viel Wasser den Rhein hinabfließen.

lüpfe – heben, hochheben

Maarch – Mark, Grenze. Das Gebiet der Salzmatt endet in Richtung Westen am Maarchgraben.

Matta – Wiese

mer – mir

Merssi – Danke. Merssi viumau – Vielen Dank. Merssi viuviumau – Vielen, vielen Dank! Und so weiter und so fort, Ende offen ;)

mier – wir

Moorge – Morgen

Mülch – Milch. Am liebsten von Amsla mit eingebautem Karamellaroma!

Muni – Stier

Murmeli – Murmeltier. Die putzigen Höhlenbewohner haben ein interessantes Lebensmodell: Sie lieben den Sommer auf den Bergen und verschlafen einfach den Rest des Jahres!

Mutta – Ziege. Stefanie und Markus nennen alle Ziegen Mutta. In meinen Ohren klang das natürlich immer wie »Mutter« – und ich musste jedes Mal schmunzeln, wenn einer meiner Chefs sich mit einer Mutta unterhielt.

Nachpuur – Nachbar

niit – nicht

nume – nur. Ist mir oft begegnet in der Kombination »nume ruhig«, wenn Kinder oder Tiere zu beruhigen waren, oder bei Ziegenkäsebestellungen, wenn Stefanie gegenfragte: »Nume enas?«, nur einer?

nüüt – nichts

Nydlechueche – Rahmkuchen. Rahm und Zucker müssen lang reduziert werden, so wie bei den Nydletäfeli, einer Art eckiger Karamellbonbons, die daher auch den Namen Geduldstäfeli tragen.

Pamir – Gehörschutz der Schweizer Armee. Aber alle Schweizer, die ich kenne, nennen jeden Gehörschutz Pamir, Armee hin oder her.

Panasch – Radler, also das Biermischgetränk

Pläckli – Plakette. Auf der Salzmatt sind darauf die Nummern für die Stallplätze (»Parklücke«) angezeigt.

potztuusig – Ausruf des Erstaunens wie potz Blitz! Wörtlich übersetzt: potz tausend! Beliebt sind auch einfach nur ein satt dahingesagtes »potz«, das besonders gut durch eine kurze folgende Stille wirkt, »potzhejejej«, was man so wunderbar in die Länge ziehen kann, oder »potzheilanddonner«, bei dem es sich durchaus empfiehlt, sich warm anzuziehen.

Puur – Bauer, und puure – bauern, als Bauer arbeiten. In Deutschland habe ich das Verb leider nie gehört, obwohl der Duden es ausgibt. Überhaupt machen die Schweizer es sich einfach und kreieren praktische Tun-Wörter: lehrere, wenn einer als Lehrer tägig ist; puppele, wenn einer mit einer Puppe spielt; natele, wenn einer mit dem Natel (Handy) telefoniert; oder brätzele, wenn jemand Brätzela (s. da) backt.

Ritz – die höchste Weide einer Alp. Zunächst dachte ich, Ritz sei ein Eigenname und die Salzmatt habe eine Weide, die Ritz heiße. Aber später musste ich mich darüber wundern, dass auch die Nachbaralpen einen Ritz haben. Mein Missverständnis wurde offensichtlich, als Stefanie eines Tages Markus beim Mittagessen erzählte, unser Nachbar von schräg gegenüber habe seine Rinder in den Ritz getrieben. Als ich fragte, was denn dessen Rinder bei uns im Ritz sollen, klärte sich unter einigem Gelächter alles auf.

Sackmesser – ein Messer, dass man im Sack, im Hosensack, hat. Also ein Taschenmesser.

Schala – Glocke. Die gleichbedeutenden Synonyme Gglünggi oder Gglünggeli, Gglogga, Schäli und Trichela habe ich ebenso häufig vernommen. Wenn ich ein Rind an der Glocke nehmen sollte, sprach Markus immer vom Gglünggeli.

Schiissdräck – Scheiße

schinte – schälen, häuten, schinden

Schintyse – Schäleisen, Rindenschäler

Schlegu – Vorschlaghammer. Wir hatten zwei, einen roten normal großen und einen kleineren grünen, der gut in Frauenhände passt, mit dem man aber einfach nicht genug Wumms hat.

scho, schoo – schon

Schoggola, Schùggela – Schokolade. Ein Riegel für zwischendurch ist »as Schùggeli«.

Schopf – Schuppen

Schotta – Molke. Bleibt beim Käsen übrig, ist gesund und bekommen die Schweine.

schwente – wilde Tännchen auf den Alpweiden abschneiden. »Fällen« wäre übertrieben, denn die Tännchen sind zwischen einem und achtzig Zentimeter groß.

Schwentschere – große Garten- oder Astschere

schwüge – schweigen. »Schwüg!« Oder: »Häb ds Muul!«

Schwüre – Zaunpfahl

Schwüretüscha – Zaunpfahlstapel. Eine Tüscha ist ein ordentlich aufgeschichteter Stapel. Das dazugehörige Verb tüsche für stapeln, aufhäufen und ordnen kommt vermutlich von »tischen«. Zum Trocknen haben wir die frisch gemachten Schwüre uftüschd.

Seislertüsch – Senslerdeutsch, die Mundart des Sensebezirks

si, sii – sie

stierig – brünstig

tue, tüe – tun

Tütschland – Deutschland

tuusig – tausend

u – und

Uffahrt – Auffahrt, wenn es z'Bäärg geht

uf jede Fal – auf jeden Fall

va – von, aus

Wuurscht – Wurst

Wyyssa – Weißwein

zäme – zusammen

Zäppi – Handsappie (Sapine), Werkzeug zum Verrücken und Ziehen von Baumstämmen

z'Bäärg – »zu Berg«, auf den Berg, also auf die Alp

z'Bäärg gaa – auf die Alp gehen. Auf geht's!

zette – Heu oder Gras ausbreiten, verteilen

Zmittaag – Mittagessen

Zmoorge, Zmorgenässe – Frühstück. Zum Morgen sozusagen

Znacht – Nachtmahl, Abendessen

Znüüni – Morgens halb zehn in Deutschland. Vormittagsimbiss

zügle – umziehen, Wohnort wechseln. Ich sage im Hochdeutschen jetzt auch immer zügeln, wenn ich umziehen meine. Klingt einfach sympathisch!

Zvieri – Nachmittagsimbiss. Bei mir zu Hause das »Kaffeetrinken« oder »Kaffee und Kuchen«

Impressum

Katharina Afflerbach
Bergsommer
Wie mir das Leben auf der Alp Kraft und Klarheit schenkte. Eine wahre
Geschichte.
ISBN: 978-3-95910-210-0

Eden Books
Ein Verlag der Edel Germany GmbH
Copyright © 2019 Edel Germany GmbH, Neumühlen 17, 22763 Hamburg
www.edenbooks.de | www.edel.com
6. Auflage 2020

Einige der Personen im Text sind aus Gründen des Persönlichkeitsschutzes
anonymisiert.

Projektkoordination: Svenja Monert und Kathrin Riechers
Lektorat: Katharina Theml
Umschlaggestaltung: Johanna Höflich
Coverfoto: © Berge und Hütte: AleksandarGeorgiev / istockphoto,
© Kühe: by-studio / shutterstock.com,
Edelweiß: © Gamegfx / shutterstock.com
Gestaltung Bildteil: Buchgut
Fotos Bildteil: © privat Katharina Afflerbach
Layout und Satz: Datagrafix GSP GmbH, Berlin | www.datagrafix.com
Druck und Bindung: optimal media GmbH,
Glienholzweg 7, 17207 Röbel/Müritz

Printed in Germany.

Dieses Buch ist auch als E-Book erhältlich.

Um die kulturelle Vielfalt zu erhalten, gibt es in Deutschland und in
Österreich die gesetzliche Buchpreisbindung. Für Sie, liebe Leserin und
lieber Leser, bedeutet das, dass Ihr verlagsneues Buch jeweils überall
dasselbe kostet, egal, ob Sie Ihre Bücher gern im Internet, in einer großen
Buchhandlung oder beim kleinen Buchhändler um die Ecke kaufen.

EDEL
FAMILY MEMBER

Erster Bergsommer

Panorama-Luxus: Weil die Salzmatt auf einer Scheide thront, liegen uns zwei Taler zu Füßen. Jenseits der Nachbaralpen Hürlisboden (vorne links) und Riggisalp (darüber) bauen sich Spitzfluh und Breccaschlund auf.

Auf dem Frühlingsspeiseplan der Alptiere stehen Bergblumen wie diese Vergissmeinnicht.

Mit Hefttasche, Handschuhen, Hammer und Zange bin ich im Ritz, der höchsten Weide, unterwegs, um diesen Stacheldrahtzaun zu bauen, in den Wolken über mir das Gipfelkreuz der Kaiseregg.

Neugierig, vorwitzig und unerschöpflich lebenslustig: Die Ziegen genießen ihre große Freiheit und ziehen dahin, wo es ihnen gefällt und wo es ihnen schmeckt.

Trotz Regen, Wind und Nebel macht Flo sich tapfer mit Rex und mir zum Gguschticheer in den Ritz auf. Es ist das einzige Foto, das es von Flo auf der Alp gibt, und mein allerliebstes Erinnerungsbild.

Auch wenn sie verblüht ist, ist die Alpenanemone wunderschön. Dann nennt man sie Haarmandli.

Zweiter Bergsommer

Mit dem Heuknecht wirft Markus das Heu in Wälme. Im rekordheißen Sommer 2015 flirrt die Luft.

So mancher Sonnenaufgang über dem Muscherenschlund lässt mich demütig innehalten. Auf 1.640 Metern schweben wir meist über dem Frühnebel.

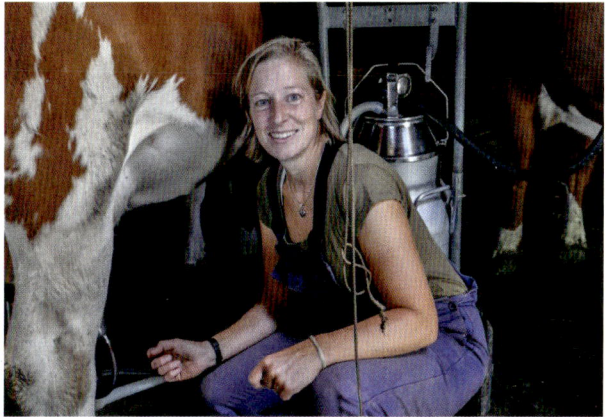

Wenn ich meinen Kopf an einen Kuhbauch lehne, schnuppere ich den Duft von Aprikosen. Kopf an Bauch vergehen so im Takt der Melkmaschine ein paar verträumte Sekunden.

Zu Beginn des Alpsommers kennen die Gitzis die Alp-Spielregeln noch nicht. Falls sie sich aus Versehen Wanderern an die Fersen heften, sollen die Pläcklis dabei helfen, dass sie wieder nach Hause kommen.

An diesem Juniabend steht der Vollmond schon früh am Himmel. Die Kühe sind nach dem Melken mit mir auf das Plateau gegangen. Hinten rechts unterhalb der Kaiseregg und oberhalb der steilen Felswand leuchtet grün die Ritz-Weide.

Belinda ist nicht nur eine Persönlichkeit, wie sie im Buche steht, sondern auch die Leitkuh. Im ersten Sommer haben wir uns ganz langsam angefreundet.

Mit Rex treibe ich die 91 Rinder zum Seelihus, wo Markus schon wartet, um sie auf die drei Ställe aufzuteilen.

Noch hält das gute alte Jeepli. X-fach geflickt, bringt es uns mehr oder weniger zuverlässig zum Seelihus (hier im Bild). Platz haben mindestens zwei Erwachsene, drei Kinder und zwei Hunde.

Als der Regen aufhört, sind die Ziegendamen bereit für die Weide. Meinem Lockruf »Chum-sa-sa-sa-sa« folgt zuerst die schwarze Leitziege, dann der Rest der Bande.

Hinter der Eingangstür der Alphütte wartet, was wir häufig brauchen, auf den nächsten Einsatz: Hefttaschen, Hammer, Nägel, Schrauben aller Art, Beile und Taschenlampen.

Nicht ungewöhnlich für einen Septembertag: dass der Winter sich ankündigt. Gut, dass die Rinder heute abgeholt werden. Über die rutschigen Weiden treiben wir sie in den Stall.

Kuh Berna knabbert an frisch nachgewachsenen Gräsern auf der Heuwiese. Sie weiß: Es ist Herbst, bald geht es ins Tal. Rechts liegt die Salzmatt-Hütte, links über Bernas Rücken der Seelihus-Stall, darüber die Kaiseregg im ersten Winterkleid.

Es ist vollbracht! Für die nächste Alpsaison haben wir 420 Schwüre gemacht, im Hitzesommer 2015 eine wahrlich schweißtreibende Plackerei.

Dritter Bergsommer

Fernsehen und Internet gibt es auf der Alp nicht. Für die schönsten Licht- und Farbspiele sorgt sowieso die Natur wie bei diesem Sonnenuntergang im Galutzi.

Am Abend lasse ich die Kühe für die Nacht auf die Weide. Im letzten Sonnenlicht machen sie sich zu ihren liebsten Fressplätzen auf.

Die Kuhmilch vom Abendmelken übernachtet im Brunnen hinter der Hütte, bis Markus sie am nächsten Morgen, zusammen mit der Milch vom Morgenmelken, zur Alpkäserei Gantrischli bringen wird.

Die rund 120 Rinder anderer Bauern, die auf der Salzmatt sömmern, sind Jungvieh. Einige von ihnen sind bereits trächtig, andere werden während des Alpsommers besamt. Diese Schönheit ist ein Graueli.

Unter dem neuen Dach lässt es sich noch viel besser Melkgeschirr waschen. Jeden Morgen erlebe ich hier einen anderen Start in den Tag, mal atemberaubend schön, mal sehe ich rein gar nichts.

Nummer 33 hatte schnell raus, dass sich direkt über ihrem Platz ein Fenster befindet. Bevor ich sie für die Nacht im Stall anbinde, genießen wir noch einen letzten Blick auf die Welt.

Nach der Nacht im Stall habe ich die Ziegen auf die Weide geführt.
Und jetzt? Jetzt wird erst einmal überlegt, wohin es heute gehen soll. Ob vielleicht
bei Nachbar Linus etwas zu holen ist?

Ein Höhepunkt eines jeden Alpsommers ist die Holzerwoche. Alle packen mit an.
Die Holzer-Equipe von links nach rechts: Markus, Pascal, Livia, Valentin, Yves, Kathi.

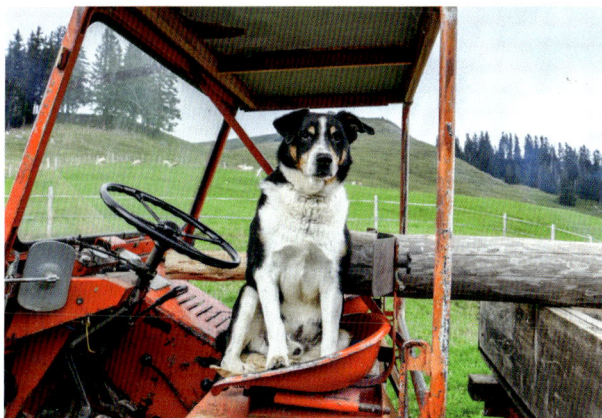

Auf dem täglichen Gguschticheer schaue ich nach dem Rechten: Ich zähle die Rinder und kontrolliere die Zäune und Brunnen. Den Hirtenstock haben die Kinder für mich gemacht.

Ein König auf seinem Thron: Rex liebt Fahren, Fahrzeuge und vor allem Fahrersitze! Sobald Markus ausgestiegen ist, ist er der Chef (hier auf dem Transporter, der gerade den neuen Fahnenmast geladen hat).

Zur richtigen Zeit am richtigen Ort. Einen ganzen Sommer lang.
Hier geht es links des Zaunes steil bergab. Folgen die Tiere beim Fressen im Nebel
einfach immer weiter ihrer Nase, ist der Zaun ihre Lebensversicherung.

Meine Entscheidung, mein Leben zu verändern, hat mich verändert.